W0255506

Mitteilungen über Forschungsarbeiten.

Die bisher erschienenen Hefte enthalten:

Heft 1.

Bach: Untersuchungen über den Unterschied der Elastizität von Hartguß (abgeschrecktem Gußeisen) und von Gußeisen gewöhnlicher Härte.

—, Zur Frage der Proportionalität zwischen Dehnungen und Spannungen bei Sandstein.

—, Versuche über die Abhängigkeit der Festigkeit und Dehnung der Bronze von der Temperatur.

—, Versuche über das Arbeitsvermögen und die Elastizität von Gußeisen mit hoher Zugfestigkeit.

—, Versuche über die Druckfestigkeit hochwertigen Gußeisens und über die Abhängigkeit der Zugfestigkeit desselben von der Temperatur.

—, Untersuchung über die Temperaturverhältnisse im Innern eines Lokomobilkessels während der Anheizperiode.

Heft 2. vergriffen.

Stribeck: Kugellager für beliebige Belastungen.

Göpel: Die Bestimmung des Ungleichförmigkeitsgrades rotierender Maschinen durch das Stimmgabelverfahren.

Holborn und **Dittenberger:** Wärmedurchgang durch Heizflächen.

Lüdicke: Versuche mit einem Lufthammer.

Heft 3. vergriffen.

Meyer: Untersuchungen am Gasmotor.

Martens: Zugversuche mit eingekerbten Probekörpern.

Werkzeugstahl-Ausschuß Schnelldrehstahl.

Heft 4. vergriffen.

Bach: Versuche über die Abhängigkeit der Zugfestigkeit und Bruchdehnung der Bronze von der Temperatur.

Lindner: Dampfhammer-Diagramme.

Bach: Eine Stelle an manchen Maschinenteilen, deren Beanspruchung aufgrund der üblichen Berechnung stark unterschätzt wird.

Körting: Untersuchungen über die Wärme der Gasmotorenzylinder.

Claaßen: Die Wärmeübertragung bei der Verdampfung von Wasser und von wässrigen Lösungen.

Heft 5. vergriffen.

Bach: Die Elastizität der an verschiedenen Stellen einer Haut entnommenen Treibriemen.

Staus: Beitrag zur Wärmebilanz des Gasmotors.

Pfarr: Bremsversuche an einer New American-Turbine.

Bach: Zur Frage des Wärmewertes des überhitzten Wasserdampfes.

Heft 6. vergriffen.

Schröder: Versuche zur Ermittlung der Bewegungen und Widerstandsunterschiede großer gesteuerter und selbsttätiger federbelasteter Pumpen-Ringventile

Westberg: Schneckengetriebe mit hohem Wirkungsgrade.

Frahm: Neue Untersuchungen über die dynamischen Vorgänge in den Wellenleitungen von Schiffsmaschinen mit besonderer Berücksichtigung der Resonanzschwingungen.

Heft 7. vergriffen.

Stribeck: Die wesentlichen Eigenschaften der Gleit- und Rollenlager.

Schröter: Untersuchung einer Tandem-Verbundmaschine von 1000 PS.

Austin: Ueber den Wärmedurchgang durch Heizflächen.

Heft 8. vergriffen.

Langen: Untersuchungen über die Drücke, welche bei Explosionen von Wasserstoff und Kohlenoxyd in geschlossenen Gefäßen auftreten.

Meyer: Untersuchungen am Gasmotor.

Heft 9. vergriffen.

Lasche: Die Reibungsverhältnisse in Lagern mit hoher Umfangsgeschwindigkeit.

Dittenberger: Ueber die Ausdehnung von Eisen, Kupfer, Aluminium, Messing und Bronze in hoher Temperatur.

Bach: Die Elastizitäts- und Festigkeitseigenschaften der Eisensorten, für welche nach dem vorhergehenden Aufsatz die Ausdehnung durch die Wärme ermittelt worden ist.

—, Versuche zur Klarstellung der Verschwächung zylindrischer Gefäße durch den Mannlochausschnitt.

Heft 10.

Günther: Verfahren zur Gewinnung von Kupfer und Nickel aus kupfer- und nickelhaltigen Magnetkiesen.

Grübler: Versuche über die Festigkeit von Schmirgel- und Karborundumscheiben.

Klein: Reibungsziffern für Holz und Eisen.

Heft 11.

Schmidt: Untersuchungen über die Umlaufbewegung hydrometrischer Flügel.

Bach und **Roser:** Untersuchung eines dreigängigen Schneckengetriebes.

Frank: Neuere Ermittlungen über die Widerstände der Lokomotiven und Bahnzüge mit besonderer Berücksichtigung großer Fahrgeschwindigkeiten.

Bach: Abhängigkeit der Wirksamkeit des Oelabscheiders von der Beschaffenheit des den Dampfzylindern zugeführten Oeles.

Heft 12. vergriffen.

Lewicki: Die Anwendung hoher Ueberhitzung beim Betrieb von Dampfturbinen.

Heft 13.

Grießmann: Beitrag zur Frage der Erzeugungswärme des überhitzten Wasserdampfes und sein Verhalten in der Nähe der Kondensationsgrenze.

Diegel: Der Einfluß von Ungleichmäßigkeiten im Querschnitte des prismatischen Teiles eines Probestabes auf die Ergebnisse der Zugprüfung.

Schimanek: Versuche mit Verbrennungsmotoren.

Stribeck: Der Warmzerreißversuch von langer Dauer. Das Verhalten von Kupfer.

Heft 14 bis 16. vergriffen.

Berner: Die Erzeugung des überhitzten Wasserdampfes.

Heft 17.

Meyer: Versuche an Spiritusmotoren und am Diesel Motor.

Pfarr: Bremsversuche an einer Radialturbine.

Bach: Versuche mit Granitquadern zu Brückengelenken

Heft 18.

Schlesinger: Die Passungen im Maschinenbau.

Brauer: Leistungsversuche an Linde Maschinen

Büchner: Zur Frage der Lavalschen Turbinendüsen.

Heft 19.

Schröter und **Koob:** Untersuchung einer von Van den Kerchove in Gent gebauten Tandemmaschine von 250 PS.

Gutermuth: Versuche über den Ausfluß des Wasserdampfes.

—, Die Abmessungen der Steuerkanäle der Dampfmaschinen.

Strahl: Vergleichende Versuche mit gesättigtem und mäßig überhitztem Dampf an Lokomotiven.

Heft 20.

Bach: Versuche mit Sandsteinquadern zu Brückengelenken.

Stahl: Untersuchung des Auslaufweges elektrischer Aufzüge.

Heft 21.

Berner: Die Fortleitung des überhitzten Wasserdampfes

Knoblauch, Linde, Klebe: Die thermischen Eigenschaften des gesättigten und des überhitzten Wasserdampfes zwischen 100° und 180° C. I. Teil.

Linde: Die thermischen Eigenschaften des gesättigten und des überhitzten Wasserdampfes zwischen 100° und 180° C. II. Teil.

Lorenz: Die spezifische Wärme des überhitzten Wasserdampfes.

Mitteilungen

über

Forschungsarbeiten

auf dem Gebiete des Ingenieurwesens

insbesondere aus den Laboratorien
der technischen Hochschulen

herausgegeben vom

Verein deutscher Ingenieure.

Heft 83 und 84.

Springer-Verlag Berlin Heidelberg GmbH

Additional material to this book can be downloaded from http://extras.springer.com

ISBN 978-3-662-01955-9 ISBN 978-3-662-02251-1 (eBook)
DOI 10.1007/978-3-662-02251-1

Inhalt.

Bericht

über

Versuche mit autogen geschweißten Blechen und Kesselteilen,

ausgeführt in der

Materialprüfungsanstalt der K. Technischen Hochschule Stuttgart

im Auftrage des

Internationalen Verbandes der Dampfkessel-Ueberwachungsvereine

und des

Vereines deutscher Ingenieure,

erstattet von dem Vorstand der Materialprüfungsanstalt

C. Bach

und dem Ingenieur derselben

R. Baumann.

Springer-Verlag Berlin Heidelberg GmbH

Vorwort.

Der Internationale Verband der Dampfkesselüberwachungsvereine[1]) hat auf seiner Delegierten- und Ingenieurversammlung in Danzig am 26. und 27. Juni 1907 für Versuche über die Zulässigkeit der autogenen Schweißung zur Herstellung und Ausbesserung von Dampfkesseln einen Betrag von 2000 *M* bewilligt. Die Materialprüfungsanstalt der Kgl. Technischen Hochschule Stuttgart wurde ersucht, diese Versuche durchzuführen.

Der über die Ergebnisse derselben der Verbandsversammlung am 8. September 1908 in Wiesbaden erstattete Bericht ist auf S. 5 u. f. abgedruckt.

Auf Grund dieses Berichtes beschloß die Versammlung, weitere 1500 *M* zur Fortsetzung der Versuche zu bewilligen. Der Bericht über die weiterhin erlangten Versuchsergebnisse ist auf S. 21 u. f. niedergelegt; er wurde auf der Verbandsversammlung in Lille am 25. Juni 1909 erstattet und hatte zur Folge, daß weitere 1000 *M* für die Fortsetzung der Versuche bereitgestellt worden sind.

Der Vorstand des Vereines deutscher Ingenieure hat auf Antrag seines Technischen Ausschusses, der damit einer Anregung des Hrn. Dr. C. v. Linde folgte, beschlossen, die auf die autogene Schweißung bezüglichen Fragen der Beantwortung zuzuführen. Die Studien und Versuche sollten sich insbesondere erstrecken auf die verschiedenen Verfahren der autogenen Schweißung, auf die Faktoren, die hierbei Einfluß nehmen, auf die Nachbehandlung der Schweißstellen usw. Auch die elektrische Schweißung, die Wassergasschweißung und die Feuerschweißung sollten zum Vergleich herangezogen werden.

Für die Vorarbeiten hierzu, die der Materialprüfungsanstalt der Kgl. Technischen Hochschule Stuttgart übertragen wurden, sind 5000 *M* bewilligt worden, von welcher Summe bis jetzt rund zwei Drittel für die Untersuchungen verbraucht worden sind.

Im Laufe der Arbeiten und auf Grund von Besprechungen mit den Interessenten wurde nun erkannt, daß der Umfang ein außerordentlich großer werden würde. Dazu kam, daß die bisher erlangten Ergebnisse übereinstimmend zu der Erkenntnis geführt hatten, daß die Geschicklichkeit und Gewissenhaftigkeit der Person, welche die Schweißung ausführt, in weit-

[1]) Demselben gehören an die Dampfkesselüberwachungsvereine mit dem Sitz in Aachen, Altona, Amiens, Barmen, Berlin, Bernburg, Braunschweig, Breslau, Brüssel, Cassel, Chemnitz, Coblenz, Danzig, Dortmund, Düsseldorf, Eisleben, Essen (Ruhr) (Dampfkesselrevisionsbezirk Fr. Krupp), Essen (Ruhr) (Dampfkesselüberwachungsverein der Zechen im Oberbergamtsbezirk Dortmund), Frankfurt a. M, Frankfurt a. O., M.-Gladbach, Gotha, Hagen i. W., Halberstadt, Halle a. S., Hamburg, Hannover, Kaiserslautern, Kattowitz, Königsberg i. Pr., Lille, Lyon, Magdeburg, Mailand, Malmö, Mannheim, Moskau, Mülhausen i. E., München, Oppeln, Paris, Posen, Prag, Ruhrort, Saarbrücken, Siegen, Stettin, Stockholm, Stuttgart, Trier, Turin, Warschau, Wien, Zürich. Die Zahl der überwachten Dampfkessel betrug Ende 1909 in den Betrieben der Mitglieder 186 092, in staatlichem Auftrage waren zu überwachen 43 821, zusammen 229 913.

1*

gehendem Maße das Ausschlaggebende ist, durchschnittlich mindestens im gleichen Grade, wie bei der alten Feuerschweißung.

Unter Berücksichtigung dieser Umstände sowie sonstiger Beobachtungen erschien es nicht nur zweckmäßig, sondern sogar geboten, zunächst die Ergebnisse der sämtlichen über autogene Schweißung in der Materialprüfungsanstalt der Kgl. Technischen Hochschule Stuttgart durchgeführten Versuche zusammenzustellen und der Oeffentlichkeit zugänglich zu machen. Eine solche Veröffentlichung würde jedenfalls in weiten Kreisen zur Aufklärung dienen und überdies erkennen lassen, in welchen Richtungen weiterzuarbeiten wäre.

Die vorliegende Veröffentlichung entspricht dem auf Grund dieser Erwägungen gefaßten Beschluß des Technischen Ausschusses und des Vorstandes des Vereines deutscher Ingenieure und erfolgt mit Zustimmung des Internationalen Verbandes der Dampfkesselüberwachungsvereine. Sie erstreckt sich ausschließlich auf Stücke, welche zur Prüfung eingeliefert worden waren. Ein Teil davon hatte allerdings zu Beanstandungen Veranlassung gegeben. Die weitaus größte Zahl der untersuchten Schweißungen ist jedoch ausdrücklich zum Zwecke der Prüfung hergestellt worden.

Der Anhang S. 71 u. f., welcher eine kurze Einführung in die Metallographie von Kesselblechen enthält, wurde hinzugefügt, um denjenigen Lesern, welche dem Gegenstand fernstehen, die Durchsicht zu erleichtern.

Ein Blick über die Ergebnisse sämtlicher Untersuchungen, die sich auf eine große Anzahl von geschweißten Stücken, an deren Herstellung etwa 20 Firmen beteiligt erscheinen, erstrecken, führt zu der Erkenntnis, daß sich zwar einige recht gute Schweißungen unter ihnen befinden (S. 22 u. f. unter I, vergl. Fig. 58 und 61 auf Tafel V; S. 62 u. f. unter C, vergl. Fig. 200 bis 203, 205 und 206 auf Tafel XIII), daß aber der weitaus größte Teil als sehr minderwertig bezeichnet werden muß (s. insbesondere Fig. 16 und 37 auf Tafel II, Fig. 44 auf Tafel IV, Fig. 68 und 71 auf Tafel VI, Fig. 88 auf Tafel VII, Fig. 105 und 106 auf Tafel VIII, Fig. 136 bis 142 und 144 auf Tafel X, Fig. 145 und 146 auf Tafel XI, Fig. 172 bis 190 auf Tafel XII, Fig. 193 und 194 auf Tafel XIII, Fig. 208 bis 210 auf Tafel XIV). Die S. 20 gesperrt gedruckten und vom internationalen Verband der Dampfkessel-Ueberwachungsvereine im Jahre 1908 einstimmig beschlossene Stellungnahme entspricht der heutigen Sachlage noch durchaus.

Stuttgart, Ende Januar 1910.

C. Bach.

I) Bericht über Versuche mit autogen geschweißten Blechstücken und Kesselteilen,

nach dem Protokoll der 38. Delegierten- und Ingenieurversammlung des Internationalen Verbandes der Dampfkessel-Ueberwachungsvereine zu Wiesbaden am 8. und 9. September 1908.

»Hr. von Bach: Meine Herren! Sie haben auf Ihrer vorjährigen Versammlung zu Danzig am 27. Juni 1907 2000 ℳ für Versuche über die Zulässigkeit autogener Schweißung zur Herstellung und Ausbesserung von Dampfkesseln bestimmt. Die technische Kommission des Verbandes hat in bezug hierauf nach eingehender Beratung gemäß einem Antrag von mir einstimmig beschlossen, daß zunächst solche Kesselteile zur Untersuchung gebracht werden sollen, die in den Kesseln schadhaft geworden sowie daselbst, also im Kessel, durch autogene Schweißung ausgebessert worden sind, und sodann die mir unterstellte Materialprüfungsanstalt an der Kgl. Technischen Hochschule Stuttgart mit diesen Untersuchungen beauftragt.

Hiervon habe ich die Mitglieder des Verbandes in Kenntnis gesetzt und dabei Folgendes bemerkt:

»Zum Zwecke der Klarstellung ist darauf hinzuweisen, daß beim Zuschweißen von Rissen, die sich an betriebenen Dampfkesseln gebildet haben, nicht nur die Zähigkeit des an der Schweißung beteiligten Materials vermindert wird, sondern auch durch die mit dem Schweißen verbundene örtliche Erhitzung (ohne nachfolgendes Ausglühen des Stückes) im Flußeisen Spannungen wachgerufen werden können, welche mehr oder minder schwere Unfälle im Betriebe herbeizuführen imstande sind, wenn die Kesselwand durch die wirkenden äußeren Kräfte oder infolge von Temperaturunterschieden auf Zug oder Biegung stark beansprucht wird.

Die Prüfung von Blechstreifen, welche außerhalb des Kessels geschweißt und unter Umständen nach dem Schweißen ausgeglüht worden sind, wird schon aus diesem Grunde vielfach zu andern Ergebnissen führen können, als die Untersuchung von Stücken, die im Kessel geschweißt sind, wie das in der Praxis häufig geschieht.

Unter Bezugnahme auf das Vorstehende wird um Einsendung von Kesselteilen aus Ihrem Bezirk ersucht, an denen sich im Betriebe Risse gezeigt haben, welch letztere im Kessel durch Schweißen beseitigt worden sind. Es ist erforderlich, daß die eingelieferten Stücke reichliche Größe besitzen.

Der Sendung, die an die Materialprüfungsanstalt der Kgl. Technischen Hochschule Stuttgart, Cannstatterstraße 1, zu richten ist, sind alle Mitteilungen, welche zur Aufklärung dienen können, beizuschließen, insbesondere

1) Kesselzeichnung, in welcher die geschweißte Stelle genau angegeben ist,
2) Angabe des Schweißverfahrens, der Firma, welche die Schweißung bewirkt hat, und sonstiger zur Beurteilung der Schweißung wichtiger Umstände,
3) Angabe, ob und bejahenden Falles wie lange der Kessel nach der Vornahme der Schweißung betrieben worden ist.

Falls Wert darauf gelegt wird, daß auf der nächsten Verbandsversammlung berichtet werden soll, so müssen die Einlieferungen bis spätestens Ende März 1908 erfolgt sein.

Zu etwa gewünschter Auskunft im allgemeinen wie in bezug auf Einzelheiten steht der Unterzeichnete zur Verfügung.«

Auf diese Aufforderung hin wurden zur Untersuchung eingeliefert:

A) autogen (außerhalb des Kessels) geschweißte Blechstücke, Winkelabschnitte usw. vom Bayerischen Revisionsverein in München,
B) ein durch autogene Schweißung hergestellter Henzedämpfer, der infolge Absprengens des Deckels explodiert war, von der Badischen Gesellschaft zur Ueberwachung von Dampfkesseln in Mannheim,
C) ein autogen geschweißtes Stück aus der durch Stehbolzen versteiften Rückwand der Feuerbüchse eines Schiffskessels vom Norddeutschen Verein zur Ueberwachung von Dampfkesseln in Altona.

Aus andrer Veranlassung gelangte die Materialprüfungsanstalt in den Besitz

D) von drei autogen geschweißten Windkesseln, von denen zwei explodiert waren, während der dritte, der bei der Explosion von außen eingebeult worden war, hierdurch Bruch der Schweißnaht erfahren hatte.

In bezug auf die unter D) angeführten Teile möchte ich bemerken, daß es sich um einen schweren Unfall handelt, bei dem ein Arbeiter getötet und zwei Arbeiter verletzt worden sind. Die in der Sache tätige Staatsanwaltschaft hat auf meine Anfrage hin, in welcher ich das Interesse hervorhob, das die Allgemeinheit an der Bekanntgabe hat, bereitwilligst gestattet, daß Ihnen über die Ergebnisse der Materialuntersuchungen berichtet werden kann, jedoch ohne daß über die Herkunft Mitteilung erfolgt.

Ich glaube, daß wir der Behörde für die Genehmigung nur dankbar sein können.

Meine Herren! Sie werden mit mir einverstanden sein, daß der Bericht über die ausgeführten Untersuchungen sowie über die Ergebnisse derselben von demjenigen meiner Mitarbeiter in der Materialprüfungsanstalt vorgetragen wird, welcher den weitaus größten Teil der Untersuchungsarbeiten geleistet hat. Das ist Hr. R. Baumann, Ingenieur der Materialprüfungsanstalt, den ich mit Ihrer Zustimmung bitten werde, den Ihnen zu erstattenden Bericht vorzutragen.

Nachdem Sie diesen Bericht zur Kenntnis genommen haben, werde ich mir erlauben, Ihnen meinen Standpunkt in der Frage der autogenen Schweißung darzulegen und Ihnen bestimmte Vorschläge zu unterbreiten.« (Vergl. Seite 19 und 20).

Hr. Baumann: Die vorgenommenen Prüfungen, ausgeführt mit Streifen, die aus den Blechen durch Fräsen hergestellt waren, umfassen:

a) Biegeversuche, c) Zugversuche bei gewöhnlicher Temperatur,
b) Schlagversuche, d) » » 200° C,
e) metallographische Untersuchungen.

a) Der Biegeversuch geschah in der Weise, daß der an den Enden aufgelagerte Streifen zunächst in der Mitte, wo sich die Schweißstelle befand, vermittels eines Dornes von 40 mm Dmr. belastet und durchgebogen wurde, bis die Schenkel einen Winkel von etwa 90° bildeten. Sodann erfolgte Zusammendrücken in einer hydraulischen Presse, bis die Schenkelenden sich berührten, falls nicht schon vorher der Bruch eingetreten war.

Die Biegung wurde für jedes Blech bezw. für jede Schweißnaht nach 2 Richtungen ausgeführt. Um in dieser Hinsicht vollständig klar zu sein, bitte ich Sie, die eine Seite des Bleches als Vorderseite, die andre als Rückseite bezeichnet zu denken. Es wurde nun jeweils der eine Streifen so gebogen, daß das Material der Vorderseite gezogen war, und der andre Streifen derart, daß die Fasern der Rückseite Zugbeanspruchung erfuhren.

Da sich, wie erwähnt, die Schweißstelle in der Mitte der Streifen befand, so erfolgte die Belastung in der Weise, daß die Schweißung durch die Biegung am meisten beansprucht wurde.

b) Der Schlagversuch, zu dem ein Pendelhammer Benutzung fand, unterscheidet sich von dem Biegeversuch lediglich dadurch, daß die Durchbiegung durch einen Schlag herbeigeführt wurde.

c), d) und e). In bezug auf die Zugversuche und die metallographische Untersuchung ist einleitend nichts weiter zu bemerken.

Versuchsergebnisse.

A) Blechstücke, eingeliefert vom Bayerischen Revisionsverein in München.

Von den übergebenen Stücken wurden geprüft:

1) Blechstück I, Fig. 1, Tafel I, von rd. 10 mm Stärke, nach Angabe mit Wasserstoff und Sauerstoff geschweißt. Breite (in Richtung der Schweißnaht gemessen) rd. 150 mm, Länge rd. 290 mm.
2) Blechstück VII, Fig. 2, Tafel I, von rd. 14,5 mm Stärke, nach Angabe mit Azetylen und Sauerstoff geschweißt. Breite rd. 230 mm, Länge rd. 120 mm.
3) Blechstück XI von rd. 6 mm Stärke, nach Angabe mit Azetylengas und Sauerstoff geschweißt. Die Schweißstelle ist nicht verdickt. Breite rd. 300 mm, Länge rd. 495 mm.
4) Blechstück XII von rd. 10 mm Stärke. Herstellung, Breite und Länge wie bei XI.
5) Blechstück XIII von rd. 12,5 mm Stärke. Herstellung, Breite und Länge wie bei XI.
6) Blechstück B, Fig. 3, Tafel I, von rd. 5,5 mm Stärke, nach Angabe mit Blaugas geschweißt. Breite rd. 295 mm, Länge rd. 430 mm.

1) Blechstück I, Fig. 1, 10 mm stark, Wasserstoff-Sauerstoff-Schweißung.

Der Biegeversuch lieferte die Versuchstücke Fig. 4 und 5, Tafel I. Deutlich erkennt man an beiden Streifen Aufgehen der Schweißnaht im Innern bei *a*, das übrigens schon lange vor dem vollständigen Zusammenbiegen der Schenkel zu beobachten war.

Wird die eine Stirnfläche des Streifens Fig. 5 gehobelt, geschliffen und geätzt, so ergibt sich bei einer durch das eingeschriebene Maß bestimmten Vergrößerung das Bild Fig. 6, Tafel I. In diesem heben sich deutlich voneinander ab die zugeschärften Ränder der zusammengeschweißten Blechenden und das Ausfüllmaterial. Bei *a* hat augenscheinlich eine metallische Verbindung nicht stattgefunden. Dasselbe gilt, wenn auch in weniger ausgeprägtem Maße, für andre Teile der Trennungsfugen.

Das an den zusammengebogenen Streifen, Fig. 4 und 5, beobachtete Aufgehen der Schweißnaht im Innern ist hierdurch vollständig aufgeklärt.

Fig. 6 deutet überdies auf den großen Unterschied hin, der besteht zwischen dem Material, dessen Enden zusammenzuschweißen waren und demjenigen, das die Ausfüllung bildet. Das letztere zeigt weit gröberes Korn, eine Folge der hohen Temperatur, auf die es beim Einschmelzen erhitzt worden ist. Auch die Ränder des geschweißten Bleches sind hierbei in Mitleidenschaft gezogen worden. In diesem Zustand ist dem Material eine weit geringere Zähigkeit eigen. Durch Bearbeitung im warmen Zustand und durch Ausglühen wird sich diese Verminderung der Zähigkeit des Materials mehr oder minder vollständig wieder beseitigen lassen[1]).

Beim Schlagversuch bogen sich die Schenkel um einen Winkel von rd. 90°; Risse waren nicht zu beobachten.

Die Zugversuche lieferten die aus folgender Zusammenstellung ersichtlichen Werte.

1	2	3	4	5	6	7	8	9
Bezeichnung	Stärke[1]) a	Breite b	Querschnitt ab	prismatische Länge vom Querschnitt ab	Belastung an der Streckgrenze[2])		Bruchbelastung[3])	
					P_s	$P_s : ab$	P_{max}	$P_{max} : ab$
	cm	cm	qcm	cm	kg	kg/qcm	kg	kg/qcm
							a) Prüfungstempe-	
I, 7	1,04	1,30	1,35	8,0	3950 o. 3750 u.	2926 o. 2778 u.	4220	3126
I, 8	1,04	1,52	1,58	8,0	Streckgrenze nicht ausgeprägt vorhanden		5400	3418
							b) Prüfungstempe-	
I, 1	1,04	1,10	1,14	12,0	2990 o. 2820 u.	2623 o. 2474 u.	4200	3684
I, 2	1,05	1,10	1,16	12,0	2900 o. 2780 u.	2500 o. 2397 u.	4080	3517

[1]) Hier ist die Blechstärke, also nicht die Dicke der Schweißstelle angegeben.

[2]) Hier sind in der Regel 2 Werte angegeben: obere und untere Streckgrenze (vergl. Zeitschrift des Vereines deutscher Ingenieure 1904 S. 1040 u. f.).

[1]) Dieses Mehr oder Minder hängt nicht bloß ab von dem Verfahren bei der Bearbeitung und beim Ausglühen, sondern auch davon, wie das Schweißen erfolgte. Ist beispielsweise mit einem zu großen Sauerstoffgehalt der Flamme gearbeitet worden, so würde eine starke Schädigung der Blechkanten und des Ausfüllmaterials eingetreten sein, die sich durch Bearbeitung und Ausglühen nicht mehr beseitigen läßt. Auch Schlackeneinschlüsse, Blasen usw. würden die Güte der Verbindung in einer durch nachfolgende Behandlung nicht zu behebenden Weise beeinträchtigen. Herausschneiden der verdorbenen Stelle und neues Schweißen könnten dann allein helfen, vorausgesetzt, daß das zweite Mal sorgfältig verfahren wird.

Die Querschnittsverminderung wurde bei allen untersuchten Stäben nur dann bestimmt, wenn der Bruch neben der Schweißstelle, also im Blech erfolgte (was vergleichsweise selten geschah), da diese zu wenig gleichbleibende Stärke besitzt.

In allen Fällen erfolgte der Bruch der Stäbe, wie Fig. 7, Tafel I, zeigt, an der verdickten Schweißstelle entlang der Richtung der zugeschärften Ränder.

Die bereits bei den Biegeversuchen beobachteten Fehlstellen (in Fig. 4, 5 und 6 mit *a* bezeichnet) erweisen sich gegenüber Zugbeanspruchung weit einflußreicher als bei der Biegung, weil bei dieser die in der Mitte gelegenen Stellen nur geringe Anstrengung erfahren.

2) Blechstück VII, Fig. 2, Tafel I, 14,5 mm stark, Azetylen-Sauerstoff-Schweißung.

Beim Biegeversuch trat nach der aus den Fig. 8 und 9, Tafel I, ersichtlichen Formänderung der Bruch ein, und zwar längs Einschlüssen von Oxyd- oder Schlackenteilen, die schon vor der Prüfung zu beobachten waren. Bemerkenswert sind auch die im Ausfüllmaterial vorhandenen Blasen.

Von der weiteren Untersuchung wurde mit Rücksicht auf die unzulänglichen Abmessungen des vorhandenen Stückes sowie wegen des mangelhaften Verhaltens beim Biegeversuch abgesehen. Hervorzuheben ist insbesondere, daß durch Bearbeitung im warmen Zustand oder durch Ausglühen eine nennenswerte Verbesserung nicht zu erwarten steht, weil sich die einmal vorhandenen Einschlüsse dadurch nur unvollständig würden beseitigen lassen.

10	11	12	13	14	15	16	17	
Bruchquerschnitt			Bruchdehnung[4]				Querschnittsverminderung[4]	Bemerkungen
			auf 60 mm		auf 100 mm		$100\frac{ab - a_1 b_1}{ab}$	
a_1	b_1	$a_1 b_1$						
cm	cm	qcm	mm	vH	mm	vH	vH	Bruch erfolgte
ratur rd. 20° C.								
—	—	—	2,6	4,3	—	—	—	an der Schweißstelle, vergl. Fig. 7
—	—	—	3,4	5,7	—	—	—	» » » » 7
ratur 200° C.								
—	—	—	3,1	5,2	4,1	4,1	—	» » » » 7
—	—	—	3,3	5,5	4,9	4,9	—	» » » 7

[3]) Wäre die größte Dicke der Schweißstelle zu Grunde gelegt worden, so hätte sich ergeben: für Stab I, 7: 2398, I, 8: 2727, I, 1: 2819, I, 2: 2649 kg/qcm.

[4]) Vergl. Fußbemerkung 1 auf S. 26.

3) Blechstück XI, 6 mm stark, Azetylen-Sauerstoff-Schweißung.

Biegeversuche. Fig. 10, Tafel I, zeigt den einen Stab nach Beginn der Bildung von Anrissen, die aber in der Abbildung nicht zu erkennen sind. Fig. 11 gibt den andern Stab nach Eintreten des Bruches wieder. Namentlich bei Biegung in der durch Fig. 11 gekennzeichneten Richtung ist der erzielte Winkel sehr gering. Auf derjenigen Seite des Bleches, welche hier Zugbeanspruchung erfuhr, war die Verbindung äußerst unvollkommen.

Ergebnisse der Zugversuche

1	2	3	4	5	6	7	8	9
Be-zeichnung	Stärke a	Breite b	Quer-schnitt ab	prismatische Länge vom Quer-schnitt ab	Belastung an der Streckgrenze [1])		Bruchbelastung	
					P_s	$P_s : ab$	P_{max}	$P_{max} : ab$
	cm	cm	qcm	cm	kg	kg/qcm	kg	kg/qcm
							a) Stäbe ohne	
XI, 14	0,70	1,10	0,77	10,0	1975 o. 1945 u.	2565 o. 2526 u.	3050	3961
XI, 15	0,70	1,10	0,77	10,0	1980 o. 1935 u.	2571 o. 2513 u.	3055	3968
							b) Stäbe mit	
XI, 1	0,65	1,10	0,72	12,0	Streckgrenze nicht ausgeprägt vorhanden		2170	3014
XI, 2	0,64	1,10	0,70	12,0			2415	3450
XI, 3	0,65	1,10	0,72	12,0			1970	2736

[1]) In der Regel sind 2 Werte angegeben: obere und untere Streckgrenze (vergl. Zeitschrift

Der Vergleich dieser Zahlen läßt die bedeutende Verminderung der Güte des durch die Schweißung beeinflußten Materials deutlich erkennen.

4) Blechstück XII, 10 mm stark, Azetylen-Sauerstoff-Schweißung.

Die beim Biegeversuch erlangten Bruchstücke sind in Fig. 12 u. 13, Taf. I, abgebildet. Auch hier ist der erreichte Biegewinkel gering, namentlich bei der

Ergebnisse der Zugversuche bei

1	2	3	4	5	6	7	8	9
Be-zeichnung	Stärke a	Breite b	Quer-schnitt ab	prismatische Länge vom Quer-schnitt ab	Belastung an der Streckgrenze [1])		Bruchbelastung	
					P_s	$P_s : ab$	P_{max}	$P_{max} : ab$
	cm	cm	qcm	cm	kg	kg/qcm	kg	kg/qcm
							a) Stäbe ohne	
XII, 14	0,98	1,10	1,08	10,0	2870 o. 2655 u.	2657 o. 2458 u.	3955	3662
XII, 15	0,98	1,10	1,08	10,0	2880 o. 2660 u.	2667 o. 2463 u.	3970	3676
							b) Stäbe mit	
XII, 1	0,97	1,10	1,07	12,0	Streckgrenze nicht ausgeprägt vorhanden		3360	3140
XII, 2	0,98	1,10	1,08	12,0			3425	3171
XII, 3	0,98	1,10	1,08	12,0	2890 o. 2750 u.	2676 o. 2546 u.	3685	3412

[1]) In der Regel sind 2 Werte angegeben: obere und untere Streckgrenze (vergl. Zeitschrift

durch Fig. 13 gekennzeichneten Biegerichtung. Die Schweißung ist bei beiden Stäben unvollkommen.

5) Blechstück XIII, 12,5 mm stark, Azetylen-Sauerstoff-Schweißung.

Die gebogenen Stäbe sind in Fig. 14 und 15, Tafel I, abgebildet. Namentlich die erstere ruft den Eindruck der Sprödigkeit wach. Fig. 16, Tafel II, zeigt einen geätzten Querschnitt durch die Schweißstelle eines benachbarten Stabes in

bei gewöhnlicher Temperatur.

10	11	12	13	14	15	16	17	
Bruchquerschnitt			Bruchdehnung				Querschnitts-verminderung $100\frac{ab - a_1 b_1}{ab}$	Bemerkungen
			auf 60 mm		auf 80 mm			Bruch erfolgte bei Einteilung der Meßlänge von 80 mm in 8 gleiche Teile
a_1 cm	b_1 cm	$a_1 b_1$ qcm	mm	vH	mm	vH	vH	
Schweißstelle.								
0,40	0,70	0,28	20,7	34,5	24,7	30,9	63,6	zwischen dem 2. und 3. Teilstrich
0,40	0,71	0,28	19,3	32,2	23,1	28,9	63,6	» » 3. 4. »
Schweißstelle.					auf 100 mm			
0,64	1,07	0,68	1,2	2,0	2,6	2,6	5,6	an der Schweißstelle
0,59	1,05	0,62	4,5	7,5	6,9	6,9	11,4	»
0,66	1,07	0,71	2,5	4,2	3,8	3,8	1,4	» »

des Vereines deutscher Ingenieure 1904 S. 1040 u. f.).

der durch das eingeschriebene Maß bestimmten Vergrößerung und läßt zahlreiche Schlackeneinschlüsse längs der zugeschärften Blechränder sowie im Innern des Ausfüllmaterials erkennen. Daß die Verbindung sehr mangelhaft war, geht auch aus der Abbildung der Bruchquerschnitte, Fig. 17, Tafel II, hervor. Nur die hell erscheinenden Stellen bilden die wirksame Schweißung, die übrigen Teile sind oxydiert oder verschlackt.

gewöhnlicher Temperatur.

10	11	12	13	14	15	16	17	
Bruchquerschnitt			Bruchdehnung				Querschnitts-verminderung $100\frac{ab - a_1 b_1}{ab}$	Bemerkungen
			auf 60 mm		auf 80 mm			Bruch erfolgte bei Einteilung der Meßlänge von 100 mm in 10 gleiche Teile
a_1 cm	b_1 cm	$a_1 b_1$ qcm	mm	vH	mm	vH	vH	
Schweißstelle.								
0,56	0,70	0,39	24,0	40,0	28,6	35,8	63,9	nahe dem 3. Teilstrich
0,56	0,67	0,38	25,0	41,7	30,2	37,8	64,8	zwischen dem 2. und 3. Teilstrich
Schweißstelle.					auf 100 mm			
0,94	1,08	1,02	3,8	6,3	5,9	5,9	4,7	an der Schweißstelle
0,92	1,05	0,97	7,6	12,7	10,9	10,9	10,2	» » »
0,50	0,62	0,31	19,6	32,7	22,7	22,7	71,3	zwischen dem 0. und 1. Teilstrich

des Vereines deutscher Ingenieure 1904 S. 1040 u. f.).

Auch hier verhalten sich die Stäbe aus dem vollen Blech bedeutend günstiger als diejenigen, welche die Schweißnaht enthalten.

Ergebnisse der Zugversuche

1	2	3	4	5	6	7	8	9
Bezeichnung	Stärke a	Breite b	Querschnitt ab	prismatische Länge vom Querschnitt ab	Belastung an der Streckgrenze		Bruchbelastung	
					P_s	$P_s : ab$	P_{max}	$P_{max} : ab$
	cm	cm	qcm	cm	kg	kg/qcm	kg	kg/qcm
							a) Stäbe ohne	
XIII, 14	1,26	1,10	1,39	10,0	3500 o. 3230 u.	2518 o. 2324 u.	5170	3719
XIII, 15	1,25	1,10	1,38	10,0	3400 o. 3210 u.	2464 o. 2326 u.	5125	3714
							b) Stäbe mit	
XIII, 1	1,27	1,10	1,40	12,0	Streckgrenze nicht ausgeprägt vorhanden		4800	3429
XIII, 2	1,27	1,10	1,40	12,0			2890	2064
XIII, 3	1,29	1,10	1,42	12,0			3580	2521

Bei den Blechen XI, XII und XIII ist, ganz wie bei Blech VII, auf eine Verbesserung durch nachfolgende Behandlung nicht zu hoffen, weil eben die Schlackeneinschlüsse usw. nicht beseitigt werden können.

6) Blechstück B, Fig. 3, Tafel I, 5,5 mm stark, Blaugas-Schweißung.

Beim Biegeversuch ergaben sich die Versuchskörper Fig. 18 und 19, Tafel II. Ersterer enthält den auch auf Fig. 3 erkenntlichen Tropfen, der sich beim Schweißen gebildet hatte und in der Hauptsache aus verbranntem Eisen besteht. Eine feste Verbindung mit dem Metall des Bleches besaß derselbe nicht.

Der Schlagversuch lieferte zwei um etwa 90° gebogene Streifen, an denen Risse nicht zu beobachten waren.

Ein geätzter Querschnitt durch die Schweißstelle ist in Fig. 20, Tafel II, vergrößert wiedergegeben. Eine scharfe Trennung zwischen Füllmaterial und Blech ist hier nicht zu erkennen, dagegen zeigt die ganze Stelle wesentlich gröberes Korn als entfernter gelegene Teile. Beachtenswert ist ferner, daß sich am oberen Rand ein Lappen abzulösen beginnt, und daß bei a ein Schlackeneinschluß vorhanden ist.

Hinsichtlich der Eigenschaften des grobkörnigen Materials gelten dieselben Bemerkungen, welche bei Blech I zu machen waren: durch geeignete Behandlung würde sich die ursprüngliche Zähigkeit des Materials mehr oder minder vollständig wieder herstellen lassen.

Ergebnisse der

1	2	3	4	5	6	7	8	9
Bezeichnung	Stärke a	Breite b	Querschnitt ab	prismatische Länge vom Querschnitt ab	Belastung an der Streckgrenze		Bruchbelastung	
					P_s	$P_s : ab$	P_{max}	$P_{max} : ab$
	cm	cm	qcm	cm	kg	kg/qcm	kg	kg/qcm
							a) Prüfungstempe-	
B 9	0,53	1,10	0,58	12,0	Streckgrenze nicht ausgeprägt vorhanden		2150	3707
B 10	0,53	1,08	0,57	12,0			2170	3807
							b) Prüfungstempe-	
B 11	0,54	1,10	0,59	12,0	Streckgrenze nicht ausgeprägt vorhanden		2845	4822
B 12	0,53	1,10	0,58	12,0			2700	4655 [1]

[1]) Würde die Zugfestigkeit auf die größte Stärke der Schweißung bezogen, so ergäbe

bei gewöhnlicher Temperatur.

10	11	12	13	14	15	16	17	
Bruchquerschnitt			Bruchdehnung				Querschnitts-verminderung $100 \frac{ab - a_1 b_1}{ab}$	Bemerkungen
			auf 60 mm		auf 80 mm			
a_1	b_1	$a_1 b_1$						Bruch erfolgte bei Einteilung der Meßlänge von 80 mm in 8 gleiche Teile
cm	cm	qcm	mm	vH	mm	vH	vH	
Schweißstelle.								
0,73	0,64	0,47	22,1	36,8	25,5	31,9	66,2	zwischen dem 2. und 3. Teilstrich
0,72	0,64	0,46	22,2	37,0	26,5	33,1	66,7	» » 3. » 4. »
Schweißstelle.					auf 100 mm			
1,19	1,07	1,27	5,1	8,5	7,8	7,8	9,3	an der Schweißstelle
1,25	1,08	1,35	1,5	2,5	1,5	1,5	3,6	» » »
1,28	1,07	1,37	0,8	1,3	0,8	0,8	3,5	» » »

Auch hier sind also an einzelnen Stellen der Schweißnaht (Stab B 12) Stellen vorhanden, an denen die Verbindung mangelhaft ist, wie schon zu Fig. 20 bemerkt worden war. Die Dehnungszahlen scheinen durch den Umstand beeinflußt, daß die Schweißstelle dicker ist als das Blech, an der Verlängerung also weniger teilnimmt (vergl. Fußbemerkung 1 S. 26). Die zerrissenen Stäbe sind in Fig. 21, Tafel II, abgebildet.

B) Durch Absprengen des Deckels explodierter Henzedämpfer, eingeliefert von der Badischen Gesellschaft zur Ueberwachung von Dampfkesseln e. V. in Mannheim.

Form und Abmessungen des Dämpfers gehen aus Fig. 22, S. 14, und 23, Tafel II, hervor. Der gewölbte Deckel ist ohne jede Krempung auf den Mantel autogen[1]) aufgeschweißt und der letztere aus mehreren Stücken in gleicher Weise zusammengesetzt. Wie die spätere Untersuchung ergab, besteht der Deckel und der zylindrische Teil des Mantels aus Schweißeisen, der Trichter aus Flußeisen. Fig. 24, S. 14, zeigt die durch Aetzung ermittelte Art und Weise, in welcher die Schweißung an der Stelle *a*, Fig. 22, also zwischen Deckel und Zylindermantel, erfolgt ist. Wie ersichtlich, wurde Ausfüllmaterial nur von

[1]) Ueber das angewendete Schweißverfahren sind Angaben nicht gemacht worden. Soviel bekannt ist, handelt es sich um Wasserstoff-Sauerstoff-Schweißung.

Zugversuche.

10	11	12	13	14	15	16	17	
Bruchquerschnitt			Bruchdehnung				Querschnitts-verminderung $100 \frac{ab - a_1 b_1}{ab}$	Bemerkungen
			auf 60 mm		auf 100 mm			
a_1	b_1	$a_1 b_1$						Bruch erfolgte bei Einteilung der Meßlänge von 100 mm in 10 gleiche Teile
cm	cm	qcm	mm	vH	mm	vH	vH	
ratur rd. 20° C.								
0,28	0,70	0,20	—	—	19,2	19,2	65,5	zwischen dem 2. und 3. Teilstrich
0,26	0,64	0,17	—	—	19,1	19,1	70,2	nahe dem 3. Teilstrich
ratur 200° C.								
0,37	0,89	0,33	—	—	12,7	12,7	44,1	zwischen dem 2. und 3. Teilstrich
—	—	—	—	—	7,5	7,5	—	an der Schweißstelle

sich nur 3506 kg/qcm.

außen her zugeführt. Fig. 25, S. 14, läßt die Verbindung durch Schweißung für die Stelle *b*, Fig. 22, zwischen dem kegelförmigen und dem zylindrischen Mantelteil, erkennen.

Nach den vorliegenden Mitteilungen war der Kessel für einen Betriebsdruck von 3 at bestimmt und explodierte nach nur achttägiger Benutzung, indem der Deckel abriß, vergl. Fig. 23, Tafel II, bei einem Druck von $2^1/_2$ at, wobei sehr erheblicher Sachschaden und auch Körperverletzung eintrat.

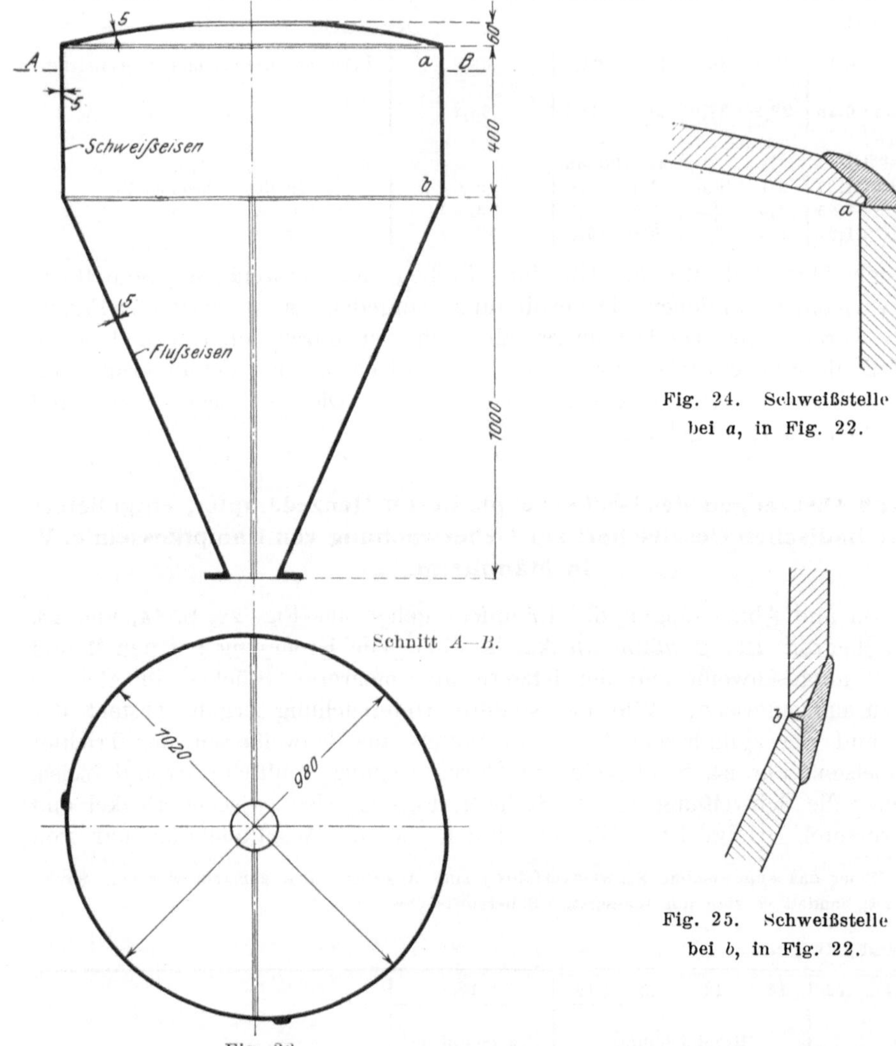

Schnitt *A—B*.

Fig. 22.

Fig. 24. Schweißstelle bei *a*, in Fig. 22.

Fig. 25. Schweißstelle bei *b*, in Fig. 22.

Fig. 26, Tafel II, zeigt einen Teil der Außenseite einer Naht im zylindrischen Mantel nahe dem Deckel. Wie ersichtlich, ist die Naht auf eine Erstreckung von etwa 10 cm aufgerissen.

Fig. 27 und 28, Tafel II, lassen das Innere des Dämpfers erkennen. Bemerkenswert sind die bei der Schweißung entstandenen Tropfen (Tränen). Bei *x—x*, Fig. 28, scheint sich bei der Herstellung ein Riß gezeigt zu haben, der durch autogene Schweißung beseitigt wurde.

Fig. 29, Tafel II, zeigt einen Teil der Naht des abgerissenen Deckels und läßt die geringe Stärke der tatsächlich vorhanden gewesenen Verbindung zwischen Deckel und Mantel deutlich erkennen.

Geprüft wurden die Stellen bei *A*, *B* und *C*, Fig. 23, Tafel II.

Stück *A*, entnommen der Naht des zylindrischen Mantels, wurde als Ganzes längs der Schweißstelle gebogen derart, daß außen Zugbeanspruchung erfolgte. Nach sehr geringer Biegung trat der Bruch ein. Die entstandenen Bruchflächen sind grobkristallinisch. Auf etwa 3 cm Länge hatte eigentliche Schweißung, jedenfalls an der aufgebrochenen Außenseite, nicht stattgefunden.

Unmittelbar neben Stück *A* wurden Streifen zu Zugversuchen entnommen. Die Zugfestigkeit der Schweißnaht betrug 1138 und 1771 kg/qcm (bezogen auf den Blechquerschnitt). Bruchdehnung war nicht vorhanden. Hierzu ist zu bemerken, daß die Streifen vor der Prüfung gerade gerichtet werden mußten. Dabei wurde darauf geachtet, die Schweißstelle nicht zu biegen, doch ist zu erwarten, daß sie beim Zugversuch eine gewisse Biegungsbeanspruchung erfuhr. Die Zugfestigkeit des vollen Bleches (Schweißeisen) betrug 3060 kg/qcm, die Bruchdehnung rd. 4 vH, Querschnittsverminderung war so gut wie keine vorhanden.

Stück *B*, Fig. 23, Verbindung zwischen dem zylindrischen und dem kegelförmigen Teil des Mantels. Zwei Streifen brachen, vorwärts bezw. rückwärts gebogen, nach sehr geringer Formänderung. Fig. 30, Tafel II, zeigt den vorwärts gebogenen Stab. Die Bruchflächen sind grobkristallinisch.

Stück *C* Fig. 23, Schweißnaht im kegelförmigen Teil des Mantels. Ein Streifen ließ sich in dem aus Fig. 31, Tafel II, ersichtlichen weitgehenden Maße biegen, ehe der Anbruch erfolgte. Hierbei lag das Füllmaterial der (einseitigen) Schweißung außen. Bei Biegung in entgegengesetzter Richtung trat der Bruch weit früher ein, wie Fig. 32, Tafel II, zeigt.

C) Blechstück aus der durch Stehbolzen versteiften Rückwand der Feuerbüchse eines Schiffskessels, eingeliefert vom Norddeutschen Verein zur Ueberwachung von Dampfkesseln in Altona.

Fig. 33 und 34, Tafel III.

Die Konstruktion des Kessels sowie seine Hauptabmessungen gehen aus Fig. 35, S. 16, hervor. Fig. 36, S. 16, zeigt die Lage des Risses $x-y$, den die photographischen Abbildungen Fig. 33 und 34 erkennen lassen.

Der Kessel ist nach den vorliegenden Angaben für 7 at Ueberdruck bestimmt und im Jahr 1894 erbaut. Bei der Anfang März 1907 stattgehabten inneren Untersuchung wurden geringe Ausbeulungen innerhalb der Stehbolzenfelder gegenüber den Flammrohren in der Feuerbüchsrückwand festgestellt. Außerdem war die Erneuerung einiger verbrannten Muttern samt deren Stehbolzen zu verlangen. Bei der Ausführung der Ausbesserung hat sich ein durchgehender Riß an der in Fig. 36 angegebenen Stelle, gegenüber dem linken Flammrohr, gebildet. Es wurde empfohlen, den Riß genügend weit auskreuzen und mittels elektrischen Schweißverfahrens ausbessern zu lassen. Als dies geschehen war, bestand der Kessel die Wasserdruckprobe bei $7 + 5 = 12$ at.

Ende März 1907 wurde der Kessel in Betrieb genommen, die Außerbetriebsetzung erfolgte am 31. Dezember 1907.

Bei Besichtigung des Kessels im Februar 1908 stellte sich heraus, daß wiederum einige Stehbolzen zu erneuern waren. Bei Ausführung dieser Aus-

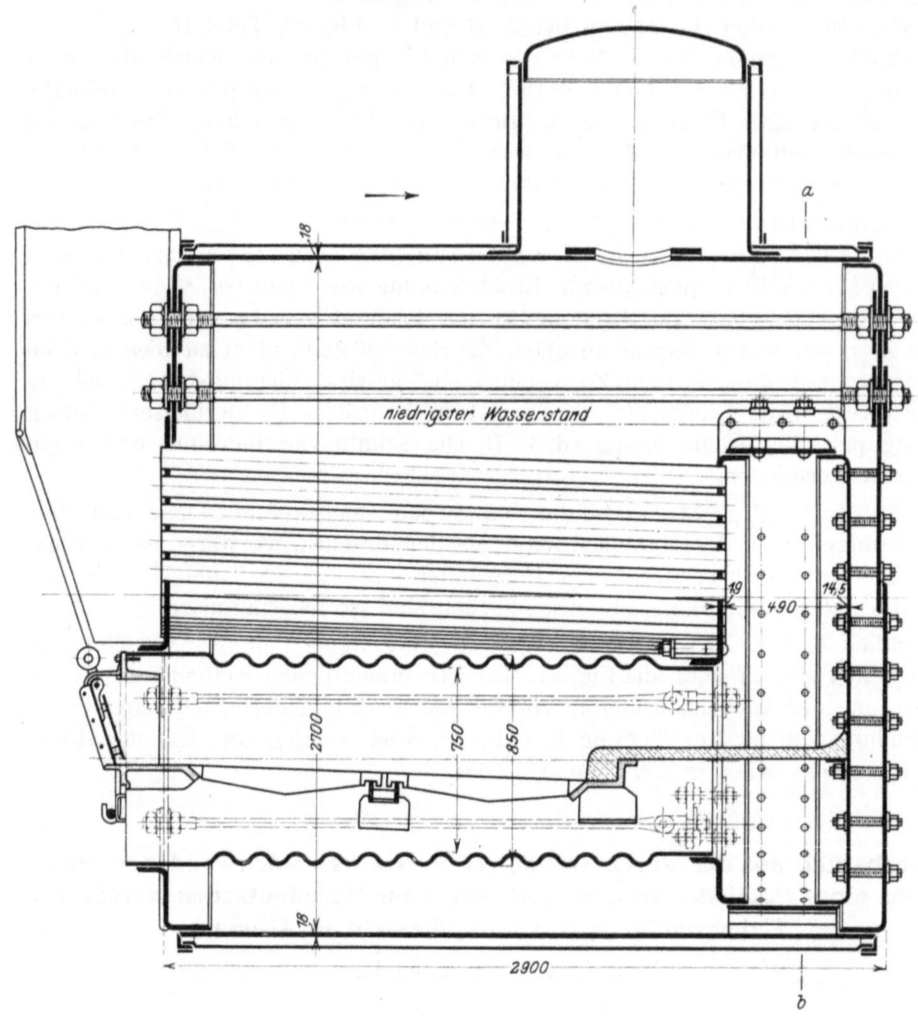

Fig. 35. 1 : 30.

besserung soll dann die geschweißte Stelle wieder aufgesprungen sein, wie das Fig. 34 erkennen läßt.

In Fig. 37, Tafel II, ist ein geätzter Querschnitt durch die Schweißstelle vergrößert abgebildet. Das Ausfüllmaterial[1]) hebt sich scharf ab von dem Kesselblech und enthält zahlreiche Blasen. Die Bruchfläche ist fast ganz oxydiert, was zu der Vermutung führt, daß der Riß schon längere Zeit, ehe er bemerkt wurde, vorhanden war. Versuche über die Zähigkeit der Verbindungsstelle konnten nicht angestellt werden, weil sie auf die ganze Länge durchgebrochen war.

[1]) Die chemische Analyse, durchgeführt von den Herren Dr. Hundeshagen und Dr. Philip in Stuttgart, an Spänen, die dem Ausfüllmaterial unter möglichster Ausschaltung gröberer Schlackenteile entnommen waren, hat ergeben: Phosphor 0,059 vH, Schwefel 0,041 vH, Stickstoff 0,069 vH, Sauerstoff 0,28 vH. Freier Kohlenstoff war nur spurenweise vorhanden. Die Bestimmung des Stickstoffs wurde 4mal ausgeführt, jedoch immer wesentlich die gleichen Ergebnisse erhalten, so daß die Zahl als sicher gelten kann.

D) Explodierte Windkessel.

Die Kessel dienten als Druckluftspeicher zum Anlassen von Gasmotoren und waren für einen Druck bis 11 at bestimmt. Durchmesser rd. 1100 mm, Länge rd. 3000 mm, Blechstärke rd. 8 mm.

Zwei der Kessel befanden sich im Betriebe, ein dritter sollte zwischen die beiden ersteren eingebaut werden, als die Explosion eintrat. Der eine Kessel ist in

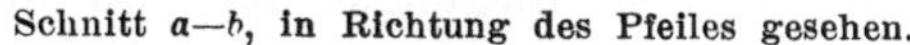
Schnitt *a*—*b*, in Richtung des Pfeiles gesehen.

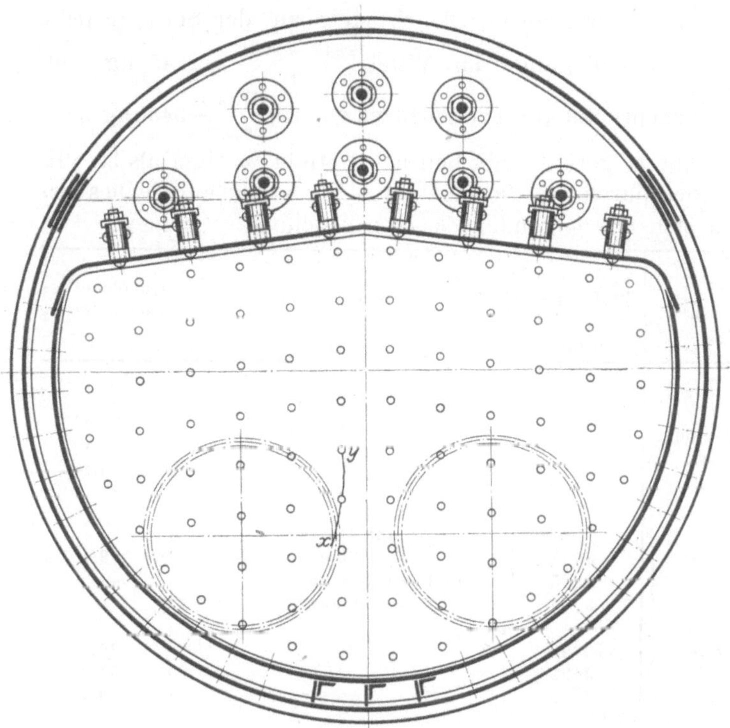

Fig. 36. 1 : 30.

Fig. 38, Tafel III, abgebildet. Die eine Längsschweißnaht, im Vordergrunde liegend, ist vollkommen aufgerissen, die gegenüberliegende zu etwa Dreiviertel gleichfalls gebrochen. Beide Böden sind herausgeflogen. Die ganz ungenügende Befestigung lassen Fig. 39 und 40, Tafel III, erkennen. Der Boden wurde in den Mantel gesteckt, so daß die Wölbung nach innen zu liegen kam, und die Stirnränder der Krempung sowie des Mantelbleches äußerlich verschmolzen. War der Abstand zwischen Mantel und Boden zu groß, so wurden Abfallstreifen eingelegt, vergl. Fig. 39. Stellenweise füllte auch das abfließende Metall in großen Tropfen die Fuge aus, ohne aber beide Teile zu verbinden, vergl. Fig. 40.

Der abgebildete Kessel warf bei seiner Explosion den noch leeren dritten Kessel gegen den zweiten gefüllten und verursachte dadurch u. a. den Tod eines Mannes, die Verletzung zweier Arbeiter, sowie die Explosion des zweiten Kessels. Der dritte Kessel, welcher, wie erwähnt, leer war, erhielt eine Einbeulung nahe der Schweißstelle, welche infolgedessen aufriß, Fig. 41, Tafel III, und damit ihre Sprödigkeit deutlich bekundete.

Die Untersuchung ergab Folgendes.

Biegeversuche konnten nur mit der Schweißverbindung des Kessels Fig. 41 ausgeführt werden, weil bei den beiden andern Kesseln unverletzte Teile der Naht nicht vorhanden waren. Zahlreiche Streifen brachen in der aus Fig. 42, Tafel IV, ersichtlichen Weise, also nach sehr geringer Biegung. Ein Streifen, der aufgerissenen Schweißnaht des Kessels Fig. 38 der Länge nach entnommen, brach beim Umbiegen im Schraubstock, wie Fig. 43, Tafel IV, erkennen läßt.

Schlagversuche ergaben ganz ähnliche Biegungswinkel, wie die Biegeversuche.

Bei den Zugversuchen erfolgte der Bruch stets an der Schweißstelle. Die Festigkeit betrug für 1 cm Länge im Mittel $\frac{2847 + 2643}{2} = 2745$ kg, entsprechend einer Materialbeanspruchung im vollen Blech von rd. $\frac{2745}{0,8} = 3430$ kg/qcm. Die Bruchdehnung war äußerst gering. Sie betrug im Mittel weniger als 3,8 vH.

Die Eigenschaften des durch die Schweißung nicht berührten Bleches des Kessels Fig. 38 ergeben sich aus folgender Zusammenstellung.

	Zugfestigkeit kg/qcm	Bruchdehnung vH	Querschnittsverminderung vH
Material im Einlieferungszustand, Stabquerschnitt 1,31 qcm.		auf 130 mm	
	3893	21,2	63,4
	3863	20,3	64,1
	3855	23,8	64,1
Material ausgeglüht, Stabquerschnitt 1,08 qcm. Längsfaser		auf 100 mm	
	3507	30,0	69,4
	3545	Bruch erfolgte außerhalb der Meßlänge.	—
	3563		—
Material ausgeglüht, Stabquerschnitt 1,08 qcm. Querfaser	3359	30,0	69,4
	3422	28,2	67,3
	3443	29,8	69,4

Das Blechmaterial an sich im ausgeglühten Zustand muß deshalb als ein sehr zähes bezeichnet werden.

Die Schweißung wurde in der aus Fig. 44, Tafel IV, ersichtlichen Weise erzeugt. Die Figur läßt grobe Schlackeneinschlüsse von sehr bedeutender Länge erkennen. Das Füllmaterial[1]) ist scharf getrennt von den verbundenen Blechen. Der Unterschied besteht zum Teil in einem ganz beträchtlich höheren Kohlenstoffgehalt des Füllmaterials. Welch geringe Zähigkeit das Material der Schweißstelle besitzt, zeigt Fig. 47, Tafel IV, deutlich. Das an und für sich gute Flußeisen verhält sich hier sehr spröde.

[1]) Das Kleingefüge zeigte eigenartige Spalten, vergl. Fig. 45, Tafel IV, die durch Ausglühen nicht beseitigt werden. Beim Perlit war die strahlige Anordnung der Fig. 46, Tafel IV, (Vergrößerung 150fach) zu bemerken (vergl. S. 80). Die chemische Analyse, ausgeführt von den Herren Dr. Hundeshagen und Dr. Philip in Stuttgart an Spänen, welche nach Möglichkeit von gröberen Schlackenteilen befreit waren, ergab: Phosphor 0,0233 vH, Schwefel 0,0275 vH, Stickstoff 0,073 vH, Sauerstoff 0,14 vH. Freier Kohlenstoff war nur spurenweise enthalten. Die Bestimmung des Stickstoffgehaltes ist 4 mal mit wesentlich gleichem Ergebnis ausgeführt worden, so daß die Zahl als sicher gelten kann.

Hr. v. Bach: »Meine Herren! Die Ihnen berichteten Ergebnisse der Untersuchungen des autogen geschweißten Materials müssen in der Hauptsache als recht ungünstige bezeichnet werden; sie rechtfertigen durchaus die Auffassung, daß die Organe, denen die Aufgabe obliegt, für die Betriebssicherheit der Dampfkessel und Dampfgefäße besorgt zu sein, alle Veranlassung haben, die größte Vorsicht walten zu lassen. Sie würden es aber nicht rechtfertigen, nun den Stab über die autogene Schweißung zu brechen und diese überhaupt zu verwerfen.

Zur Klarstellung in bezug auf die ganze Sache wollen Sie mir folgende Bemerkungen gestatten, wobei es sich nicht vermeiden läßt, manches zu sagen, was vielen von Ihnen bereits bekannt, auch von mir schon anderweits ausgesprochen worden ist.

Das geschweißte Flußeisen — gleichgültig, ob es sich um die alte Feuerschweißung, um Wassergasschweißung, um elektrische Schweißung, um Schweißung mit Wasserstoff und Sauerstoff, um Schweißung mit Azetylen und Sauerstoff oder um ein andres Verfahren handelt — hat sich, insoweit es bei der Schweißung nahezu oder ganz flüssig geworden ist, dem Zustande mehr oder minder vollständig wieder genähert, in dem es bei der Herstellung nach dem Erstarren, also vor der Vergütung durch die mechanische Bearbeitung, sich befand. Die Vergütung, welche das Material durch die mechanische Bearbeitung erfahren hatte, ist also mehr oder minder vollständig verloren gegangen; unter allen Umständen hat das Material an Zähigkeit verloren. Erst durch geeignete Nachbehandlung kann es die vor dem Schweißen vorhandene Zähigkeit mehr oder minder vollständig wieder erlangen, vorausgesetzt, daß es beim Schweißen nicht bleibend geschädigt (verbrannt) worden ist.

Aus dem Gesagten erkennen Sie ferner, daß das Material, selbst wenn es vorher ganz gleichartig war, durch daß Schweißen an Gleichartigkeit verloren hat. Das an der Schweißstelle durch den Schweißprozeß in Mitleidenschaft gezogene Material besitzt — jedenfalls vor ausreichender Nachbehandlung — nicht mehr die gleichen Eigenschaften wie das Material, das an der Schweißung unbeteiligt war.

Zu diesen Tatsachen gesellt sich der weitere Umstand, daß die Herstellung einer guten Schweißung — selbst wenn die Schweißmethode, die zur Anwendung gelangt, vollkommen ausgebildet ist, und die erforderlichen Apparate und Materialien den zu stellenden Anforderungen durchaus entsprechen — in einem ganz besonders hohen Maße von dem Personal abhängt, welches die Schweißung vornimmt.

Meine Herren! Wenn Sie das Gesagte überblicken, so werden Sie erkennen, daß die Frage über die Zulässigkeit autogener Schweißung nicht so einfach zu entscheiden ist. Dazu sind erst eingehende Studien und Versuche erforderlich, die sich insbesondere zu erstrecken haben: auf die verschiedenen Methoden der autogenen Schweißung, auf die Faktoren, welche hierbei Einfluß nehmen, auf die Frage der Nachbehandlung der Schweißstellen usw. Dabei wird sich alsdann für die Praxis ergeben können, daß je nach der Natur und den sonst in Betracht kommenden Verhältnissen des gerade vorliegenden Falles die eine oder andre Schweißmethode vorzuziehen ist.

Diese umfassende Aufgabe systematisch der Lösung zuzuführen, hat der Vorstand des Vereines deutscher Ingenieure auf Antrag des Technischen Ausschusses dieses Vereines beschlossen und hierfür zunächst 5000 ℳ zu Vorarbeiten bewilligt. Diese Vorarbeiten haben das Ziel, die Unterlagen zur Aufstellung eines ausreichend zuverlässigen Arbeitsprogrammes zu beschaffen. Dazu gehört in erster Linie das Studium der verschiedenen Schweißmethoden, welche zurzeit zur Anwendung gelangen an den verschiedenen Orten. Zur Lösung der Aufgabe selbst, an die erst nach Leistung der Vorarbeiten herangetreten werden wird, sollen die Interessenten herangezogen werden. Auf diese Weise steht zu erwarten, daß die Unterlagen für eine richtige Würdigung der autogenen Schweißung, deren große Bedeutung für die Technik nicht zu verkennen ist, gewonnen werden.

Was nun die Stellung unsres Verbandes zur autogenen Schweißung anbelangt, so gestatte ich mir, Ihnen Folgendes vorzuschlagen.

Sie möchten zunächst aussprechen:

»Bei dem heutigen Stand empfiehlt es sich, in bezug auf die Herstellung und die Ausbesserung von Dampfkesseln und Dampfgefäßen durch autogene Schweißung die größte Vorsicht walten[1]) und solche Arbeiten nur zuverlässig arbeitende Firmen unter Ueberwachung des in Betracht kommenden Revisionsvereines ausführen zu lassen. Dabei ist namentlich dem Umstande Beachtung zu schenken, daß durch die mit dem Schweißen verbundene örtliche Erhitzung der Ränder und durch die Zusammenziehung des flüssig gewesenen Füllmaterials (ohne nachfolgendes Ausglühen des Stückes) im Flußeisen Spannungen in Wirksamkeit treten können, die mehr oder minder schwere Unfälle herbeizuführen imstande sind.

Nähte, die durch wirkende äußere Kräfte oder infolge von Temperaturschwankungen auf Zug oder Biegung stark beansprucht werden, sollen nur dann geschweißt und ihnen diese Kraftübertragung zugemutet werden dürfen, wenn das geschweißte Stück nach dem Schweißen ausgeglüht wird.«

Sodann schlage ich Ihnen vor, zu beschließen, daß die am Anfange meines Berichtes gegebene Aufforderung zur Einsendung von autogen geschweißten Kesselteilen an die Materialprüfungsanstalt der Königl. Technischen Hochschule Stuttgart aufrecht erhalten bleibt, und daß Sie für diese Untersuchungen noch den weiteren Betrag von 1500 ℳ bewilligen. Ueber die Ergebnisse der neuen Untersuchungen würde Ihnen im nächsten Jahre zu berichten sein.

Diese Untersuchungen werden nicht nur an sich klärend wirken, sondern sie werden auch dazu beitragen, daß Firmen, welche mit der autogenen Schweißung nicht vollständig vertraut sind, insbesondere geschultes Personal, ausreichend vollkommene Einrichtungen, das erforderliche Verständnis für den Kesselbau usw. nicht besitzen, sich davon fernhalten, da sie jederzeit gewärtig sein müssen, daß sie im Zusammenhang mit den Ergebnissen der Untersuchung genannt werden. In dem Ihnen heute erstatteten Bericht ist das absichtlich unterlassen worden. Ich glaube, daß die hierfür aufgewendeten Geldmittel sehr gut angelegt sein werden. Die bisher entstandenen Kosten betragen 1030 ℳ, so daß im ganzen für die Zeit von jetzt bis zur Versammlung im nächsten Jahr 2470 ℳ zur Verfügung stehen würden.«

---

[1]) Zu den Vorsichtsmaßregeln, die gegenüber einer bereits vorliegenden geschweißten Stelle anzuwenden sind, rechne ich außer der Besichtigung insbesondere das Abklopfen der Schweißstelle unter Druck. Dieses Vorgehen darf natürlich nicht übertrieben werden, denn zu hohe Drucksteigerung und zu starkes Abhämmern kann die Wandung erheblich schädigen.

II) Bericht über Untersuchungen autogen geschweißter Kesselteile, ausgeführt im Frühjahr 1909 im Auftrag des Internationalen Verbandes der Dampfkessel-Ueberwachungsvereine [1].

Erstattet von R. Baumann.

Zufolge des Beschlusses, daß die Untersuchungen mit autogen geschweißten Kesselteilen fortgesetzt werden sollten (vergl. S. 20), ist den Mitgliedern des genannten Verbandes unterm 15. September 1908 folgendes Rundschreiben übersandt worden:

Die diesjährige Verbandsversammlung zu Wiesbaden hat am 8. September 1908 nach Entgegennahme des Berichts über die Ergebnisse der Versuche mit autogen geschweißten Stücken [2]) u. a. einstimmig folgende Beschlüsse gefaßt:

1) »Bei dem heutigen Stand empfiehlt es sich, in bezug auf die Herstellung und die Ausbesserung von Dampfkesseln und Dampfgefäßen durch autogene Schweißung die größte Vorsicht walten und solche Arbeiten nur zuverlässig arbeitende Firmen unter Ueberwachung des in Betracht kommenden Revisionsvereines ausführen zu lassen. Dabei ist namentlich dem Umstande Beachtung zu schenken, daß durch die mit dem Schweißen verbundene örtliche Erhitzung der Ränder und durch die Zusammenziehung des flüssig gewesenen Füllmaterials (ohne nachfolgendes Ausglühen des Stückes) im Flußeisen Spannungen in Wirksamkeit treten können, die mehr oder minder schwere Unfälle herbeizuführen imstande sind.

   Nähte, die durch wirkende äußere Kräfte oder infolge von Temperaturschwankungen auf Zug oder Biegung stark beansprucht werden, sollen nur dann geschweißt und ihnen diese Kraftübertragung zugemutet werden dürfen, wenn das geschweißte Stück nach dem Schweißen ausgeglüht wird.«

2) Die unterm 8. Dezember v. J. ergangene Aufforderung zur Einsendung von autogen geschweißten Kesselteilen an die Materialprüfungsanstalt der Kgl. Technischen Hochschule Stuttgart bleibt aufrecht erhalten, und wird für diese Untersuchungen ein weiterer Betrag von 1500 ℳ bewilligt.

Indem ich Sie hiervon in Kenntnis setze und ein Exemplar der Aufforderung vom 3. Dezember v. J. beischließe, wiederhole ich die letztere mit dem Bemerken,

---

[1]) Derselbe ist der Versammlung des genannten Verbandes am 25. Juni 1909 in Lille erstattet worden und wird im Protokoll über diese veröffentlicht werden. Das letztere ist z. Z. noch nicht erschienen.

[2]) Dieser Bericht ist auf Seite 5 bis 20 enthalten.

daß die Einsendungen, falls auf der nächsten Verbandsversammlung, die im Juni 1909 stattfinden wird, über die Ergebnisse der Untersuchung berichtet werden soll, spätestens bis Ende Februar 1909 erfolgt sein müssen.

Zu etwa gewünschter Auskunft stehe ich gern zur Verfügung.

C. Bach.

Auf Grund dieser Aufforderung sind der Materialprüfungsanstalt Stuttgart eine Anzahl von Blechstücken zugegangen, die teils außerhalb des Kessels geschweißt waren, zum größeren Teil jedoch von ausgeführten Kesselausbesserungen herrühren.

Die Prüfungsarten sind im wesentlichen dieselben, wie im vorhergegangenen Bericht angegeben (vergl. S. 7): Zugversuche bei gewöhnlicher und höherer Temperatur, Biege- und Schlagversuche derart, daß je ein Stab vorwärts, der

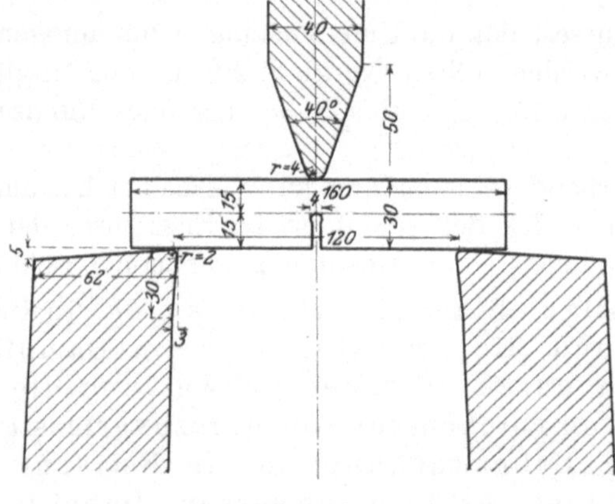

Fig. 48.

andre rückwärts gebogen wird, Kerbschlagproben (die Form der Stäbe geht aus Fig. 48 hervor) bei gewöhnlicher Temperatur und bei 200 ° C, sowie metallographische Untersuchung.

An erster Stelle ist zu berichten über die Ergebnisse der Prüfung einer

l) Blechtafel von 15 mm Stärke, eingeliefert von der Association Lyonnaise des Propriétaires d'appareils à vapeur in Lyon

und nach Angabe außerhalb des Kessels geschweißt von der Sté de l'acétylène dissous in Marseille mittels gelösten Acetylens und Sauerstoff. In der Mitte der Tafel, welche 1000 mm lang und 700 mm breit war, ist ein Stück von 480 auf 370 mm ausgeschnitten und wieder eingeschweißt worden. Die Schweißung erfolgte von beiden Seiten, die Naht ist etwa 3 mm stärker als das Blech.

Wie die photographische Abbildung Fig. 49, Tafel IV, zeigt, ist die Arbeit sauber ausgeführt. Hervorgehoben zu werden verdient, daß sich die Tafel nicht nennenswert verzogen hat, woraus wohl geschlossen werden darf, daß bedeutende Spannungen nicht vorhanden sein werden. Zu bemerken ist ferner, daß das Blech die beste bis dahin in der Anstalt untersuchte autogene Schweißung zeigt.

Die Ergebnisse der Zugversuche bei gewöhnlicher und höherer Temperatur sind in der folgenden Zusammenstellung (S. 24 bis 27) enthalten. Die geschweißten Stäbe sind teils mit der verdickten Schweißstelle geprüft, bei einigen war die Verdickung durch Hobeln entfernt worden. Die Zugfestigkeit ist stets auf den prismatischen Teil — bei den an der Schweißung verdickten

Stäben also auf die Blechstärke — bezogen. Die Verbindungsstelle lag bei den geschweißten Probekörpern nahezu in der Mitte der Meßlänge.

Die für die geschweißten Stäbe ermittelten Werte für die Streckgrenze liegen in allen Fällen höher als diejenigen für das Material an sich im ursprünglichen Zustand. Dasselbe gilt mit einer Ausnahme auch für die Zugfestigkeit. Bei den an der Schweißstelle verdickten Probekörpern ist nur einer von 9 Stäben an der Verbindungsstelle gebrochen. Die durch Hobeln prismatisch bearbeiteten Stäbe dagegen brachen sämtlich in der Schweißung.

Von den Bruchdehnungen dürften bei Dampfkesselschweißungen namentlich die bei 200° C ermittelten Werte 16,7 und 13,1 vH zu vergleichen sein[1]).

Ein Teil der gebrochenen Stäbe ist in Fig. 50a bis f, Tafel IV, abgebildet. Bei Stab 3, an der Schweißstelle verdickt, und Stab 11, allseitig prismatisch bearbeitet, erfolgte die Trennung an der Verbindungsstelle; Stab 2 zeigt daselbst Anrisse.

Fig. 51[2]). Tafel IV, zeigt die Bruchfläche des Stabes 13 mit kristallinischen und blasigen Teilen, Fig. 52, Tafel IV, diejenige des Stabes 10, der sehniges, etwas grobes Gefüge aufweist.

Bei den Biegeversuchen ist, wie aus Fig. 53, Tafel V, hervorgeht, nach erheblicher Formänderung der Bruch eingetreten, meist ausgehend von Stellen, an denen die Güte der Schweißung durch Oxydeinschlüsse beeinträchtigt war.

Schlagversuche ließen die aus Fig. 54, Tafel V, ersichtlichen Biegungen erreichen. Stab 39 zeigt geringe, Stab 41 tiefergehende Anrisse; Stab 40 ist verhältnismäßig früh ganz durchgebrochen.

Die Ergebnisse der Kerbschlagproben sind auf S. 27 zusammengestellt. Die Form der Stäbe ist aus Fig. 48 S. 22 ersichtlich.

Sieht man die Schlagarbeit (mkg/qcm) als Maß der Zähigkeit an, so ist hiernach das Blech bei 20° C rd. 7 mal, bei 200° C nur noch rd. 1,9 mal so zäh wie die Schweißung. Die letztere erscheint also bei 200° C im Vergleich zum Material des Bleches an sich weit weniger spröde als bei 20° C[3]). Auf ähnliche Verhältnisse läßt auch das Aussehen der gebrochenen Stäbe (vergl. Fig. 57, Tafel V) schließen. Zu vergleichen sind Stab 32 und 17 (geprüft bei 20° C) mit Stab 35 und 20 (geprüft bei 200° C).

Einen geätzten Querschnitt durch die Schweißung gibt Fig. 58, Tafel V, in der durch das eingeschriebene Maß bestimmten Vergrößerung wieder. Die Schweißzone ist deutlich zu erkennen; auch zeigt das Bild, daß die Schweißung von beiden Seiten vorgenommen wurde. An einzelnen Stellen treten kleinere Oxydeinschlüsse, denen bei geringer Ausdehnung eine erhebliche Bedeutung nicht zukommen dürfte, hervor. Das Kleingefüge des Bleches ist das dem weichen Flußeisen eigentümliche (vergl. z. B. Fig. 229, Tafel XV). Das Ausfüllmaterial zeigt stellenweise das aus einzelnen Körnern aufgebaute Gefüge des reinen Eisens,

[1]) Vergl. Fußnote 1 zu S. 26.

[2]) Beide Teile der Figur stellen, als Stereoskopbild, dieselbe Bruchfläche dar. Die Eigenart der letzteren tritt bei Betrachtung durch ein Stereskop infolge der Tiefenwirkung viel deutlicher hervor, als das einzelne Bild erwarten läßt. Im folgenden sind die Stereoskopbilder stets am rechten Tafelrand untergebracht, um im Bedarfsfall ein Herausschneiden zu erlauben.

[3]) Bei der Temperatur, welche die Kesselwand im Betriebe annimmt, verhält sich also im vorliegenden Falle die Schweißung günstiger als bei etwa vorgenommenen Kaltwasserdruckproben. Wie sich die Verhältnisse gegenüber häufigen Schwankungen der Temperatur und Spannung, wie sie im Kesselbetrieb auftreten, gestalten, kann nur durch Betriebserfahrungen entschieden werden. Die Bruchflächen der geschweißten Stäbe sind bei 20° C körnig, bei 200° C sehnig, wie die Fig. 55 und 56, Tafel V, erkennen lassen.

A) Stäbe ohne Schweißstelle,

1	2	3	4	5	6	7	8	9
Bezeichnung	Stärke a	Breite b	Querschnitt ab	prismatische Länge vom Querschnitt ab	Belastung an der Streckgrenze[1]		Bruchbelastung	
					P_s	$P_s : ab$	P_{max}	$P_{max} : ab$
	cm	cm	qcm	cm	kg	kg/qcm	kg	kg/qcm
							Prüfungstempe-	
23	1,19	1,48	1,76	14,5	3500 o. 3200 u.	1989 o. 1818 u.	5700	3239.
26	1,19	1,47	1,75	14,5	3250 o. 3180 u.	1857 o. 1817 u.	5880	3360
29	1,19	1,49	1,77	14,5	3500 o. 3380 u.	1977 o. 1910 u.	6100	3446
					Durchschnitt	1941 o. 1848 u.		3348
							Prüfungstempe-	
24	1,20	1,48	1,78	14,5	3200 o. 3100 u.	1798 o. 1742 u.	7880	4427
27	1,20	1,48	1,78	14,5	3150 o. 3100 u.	1770 o. 1742 u.	8200	4607
30	1,20	1,48	1,78	14,5	3130 o. 3040 u.	1758 o. 1708 u.	8360	4697
					Durchschnitt	1775 o. 1731 u.		4577
							Prüfungstempe-	
25	1,20	1,47	1,76	14,5	2400	1364	6650	3778
28	1,20	1,48	1,78	14,5	2200	1236	6750	3792
31	1,19	1,48	1,76	14,5	2100	1193	7080	4023
					Durchschnitt	1264		3864

B) Stäbe mit Schweißstelle.

1	2	3	4	5	6	7	8	9
Bezeichnung	Stärke a	Breite b	Querschnitt ab	prismatische Länge vom Querschnitt ab	Belastung an der Streckgrenze[1]		Bruchbelastung	
					P_s	$P_s : ab$	P_{max}	$P_{max} : ab$
	cm	cm	qcm	cm	kg	kg/qcm	kg	kg/qcm
							Prüfungstempe-	
1	1,20	1,51	1,81	16,5	4000 o. 3900 u.	2210 o. 2155 u.	6430	3552
2	1,19	1,52	1,81	16,5	3800 o. 3700 u.	2099 o. 2044 u.	6460	3569
3	1,20	1,52	1,82	16,5	3800 o. 3700 u.	2088 o. 2033 u.	6450	3544
					Durchschnitt	2132 o. 2077 u.		3555
							Prüfungstempe-	
4	1,20	1,52	1,82	16,5	3700 o. 3600 u.	2033 o. 1978 u.	8760	4813
5	1,20	1,52	1,82	16,5	3900 o. 3820 u.	2143 o. 2099 u.	8860	4868
6	1,19	1,51	1,80	16,5	4000 o. 3700 u.	2222 o. 2056 u.	8920	4956
					Durchschnitt	2133 o. 2044 u.		4879
							Prüfungstempe-	
7	1,20	1,52	1,82	16,5	2440	1341	7480	4110
8	1,20	1,52	1,82	16,5	2400	1319	7660	4209
9	1,20	1,52	1,82	16,5	2260	1242	7590	4170
					Durchschnitt	1301		4163

[1]) Für die Streckgrenze sind in der Regel 2 Werte angegeben (obere und untere Streck-
beobachten, so mußten sich die Angaben auf diesen beschränken.

geprüft im Einlieferungszustand.

10	11	12	13	14	15	16	17	
Bruchquerschnitt			Bruchdehnung				Querschnittsverminderung $100 \frac{ab - a_1 b_1}{ab}$	Bemerkungen
			auf 50 mm		auf 130 mm			Bruch erfolgte bei Einteilung der Meßlänge von 130 mm in 13 gleiche Teile
a_1	b_1	$a_1 b_1$						
cm	cm	qcm	mm	vH	mm	vH	vH	
ratur rd 20° C.								
0,61	0,76	0,46	23,6	47,2	40,7	31,3	73,9	nahe dem 6. Teilstrich
0,61	0,77	0,47	25,3	50,6	43,8	33,7	73,1	zwischen dem 5. und 6. Teilstrich
0,62	0,80	0,50	23,3	46,6	41,1	31,6	71,8	nahe » 6. »
						32,2	72,9	
ratur rd. 200° C.								
0,78	0,98	0,76	13,6	27,2	21,9	16,8	57,3	» » 5. »
0,79	0,99	0,78	13,1	26,2	22,0	16,9	56,2	zwischen » 1. und 2. »
0,84	1,03	0,87	12,5	25,0	21,5	16,5	51,1	» » 3. » 4. »
						16,7	54,9	
ratur rd. 300° C.								
0,75	0,89	0,67	22,8	45,6	46,3	35,6	61,9	nahe » 5. »
0,72	0,90	0,65	24,5	49,0	47,4	36,5	63,5	zwischen » 1. und 2. »
0,82	0,91	0,75	26,1	52,2	48,8	37,5	57,4	nahe » 2. »
						36,5	60,9	

a) Schweißstelle verdickt.

10	11	12	13	14	15	16	17	18	19	
Bruchquerschnitt			Bruchdehnung						Querschnittsverminderung $100 \frac{ab - a_1 b_1}{ab}$	Bemerkungen
			auf 50 mm		auf 100 mm		auf 150 mm			Bruch erfolgte bei Einteilung der Meßlänge von 150 mm in 15 gleiche Teile
a_1	b_1	$a_1 b_1$								
cm	cm	qcm	mm	vH	mm	vH	mm	vH	vH	
ratur rd. 20° C.										
0,68	0,88	0,60	20,3	40,6	23,8	23,8	30,4	20,3	66,9	nahe dem 1. Teilstrich
0,68	0,90	0,61	21,0	42,0	25,6	25,6	32,4	21,6	66,3	zwischen dem 3. u. 4. Teilstrich
—	—	—	10,8	21,6	16,8	16,8	25,8	17,2	—	» » 5. » 6. » (an der Schweißstelle)
								19,7	66,6	
ratur rd. 200° C.										
0,84	1,07	0,90	11,7	23,4	14,5	14,5	19,0	12,7	50,5	zwischen dem 0. u. 1. Teilstrich
0,79	1,06	0,84	12,7	25,4	15,5	15,5	20,0	13,3	53,8	» » 0. » 1. »
0,86	1,11	0,95	11,8	23,6	14,9	14,9	19,8	13,2	47,2	» » 0. » 1. »
								13,1	50,5	
ratur rd. 300° C.										
0,84	1,01	0,85	18,8	37,6	22,3	22,3	29,9	19,9	53,3	zwischen dem 1. u. 2. Teilstrich
0,76	0,99	0,75	19,0	38,0	23,6	23,6	31,2	20,8	58,8	» » 1. » 2. »
0,79	1,00	0,79	17,9	35,8	21,5	21,5	27,8	18,5	56,6	nahe dem 1. Teilstrich
								19,7	56,2	

grenze; vergl. Zeitschrift des Vereines deutscher Ingenieure 1904 S. 1040 u. f.). War nur ein Wert zu

b) Schweißstelle durch Hobeln

1	2	3	4	5	6	7	8	6
Bezeichnung	Stärke a	Breite b	Querschnitt ab	prismatische Länge vom Querschnitt ab	Belastung an der Streckgrenze [1]		Bruchbelastung	
					P_s	$P_s : ab$	P_{max}	$P_{max} : ab$
	cm	cm	qcm	cm	kg	kg/qcm	kg	kg/qcm
							Prüfungstempe-	
10	1,18	1,20	1,42	17,0	3800 o. 3500 u.	2676 o. 2465 u.	4970	3500
13	1,19	1,33	1,58	17,0	3500 o. 3300 u.	2215 o. 2089 u.	4830	3056
					Durchschnitt	2446 o. 2277 u.		3278
							Prüfungstempe-	
11	1,18	1,37	1,62	16,0	3600	2222	7760	4790
15	1,16	1,33	1,54	17,0	3220 o. 3100 u.	2091 o. 2013 u.	7180	4662
					Durchschnitt	2157 o. 2118 u.		4726

[1]) Für die Streckgrenze sind in der Regel 2 Werte angegeben (obere und untere Streck-
Wert zu beobachten, so mußten sich die Angaben auf diesen beschränken.

C) Zusammenstellung der Durchschnittswerte [1])

Prüfungstemperatur	Stäbe aus dem Blech				Stäbe mit verdickter Schweißstelle				Stäbe mit prismatisch abgearbeiteter Schweißstelle			
	σ_s	K_z	φ	ψ	σ_s	K_z	φ	ψ	σ_s	K_z	φ	ψ
°C	kg/qcm	kg/qcm	vH	vH	kg/qcm	kg/qcm	vH	vH	kg/qcm	kg/qcm	vH	vH
20	1941 o. 1848 u	3348	32,2	72,9	2132 o. 2077 u.	3555	19,7	66,6	2446 o. 2277 u.	3278	(10,5)	(27,5)
200	1775 o. 1731* u.	4577	16,7	54,9	2133 o. 2044 u.	4879	13,1	50,5	2157 o. 2118 u.	4726	7,9	12,1
300	1264	3864	36,5	60,9	1301	4163	19,7	56,2	—	—	—	—

[1]) In bezug auf die Werte der Bruchdehnung ist zu beachten, daß die Schweißstelle, wenn sie verdickt ist, infolge des größeren Querschnittes wenig an der Dehnung teilnimmt und überdies die Querschnittsverminderung (und damit auch die Streckung) der benachbarten Stabteile hemmt. War die Schweißstelle abgearbeitet, so erfolgte der Bruch in ihr, die Festigkeit des Stabmaterials wird also nicht voll ausgenutzt, und es ergibt sich deshalb eine zu geringe Verlängerung. Zudem wird diese Abarbeitung bei Gebrauchsgegenständen in der Regel nicht vorgenommen werden. Die bei geschweißten Stäben gefundenen kleineren Werte der Bruchdehnung gewähren also keinen richtigen Einblick in die Zähigkeitsverhältnisse des Materials, namentlich aber auch nicht desjenigen der Schweißstelle. Aehnliches gilt in bezug auf die Querschnittsverminderung. Diese kann bei verdickter Schweißung nur bestimmt werden, wenn der Bruch außerhalb der Verbindungsstelle erfolgt. Man erhält aber in diesem Fall nicht ein Kennzeichen für die Schweißung, sondern, was gar nicht beabsichtigt ist, ein solches für das Material außerhalb der Schweißstelle. Eine genauere Betrachtung läßt erkennen, daß die Verhältnisse noch wesentlich verwickelter sind, als besprochen wurde, doch dürften die vorstehenden Bemerkungen genügen, um zu zeigen, daß die Beobachtung der Bruchdehnung und Querschnittsverminderung in der Regel keinen richtigen Anhalt über die Zähigkeit der Schweißstelle zu geben vermag. Schließlich ist noch daran zu erinnern, daß ein kalt bearbeitetesBlech infolge der mit dem Schweißen verbundenen Erhitzung ausgeglüht werden und dann höhere Dehnungswerte zeigen kann als vorher, so daß der geschweißte Stab zäher erscheint als der nicht geschweißte, ohne daß darin ein Vorzug des Schweißverfahrens erblickt werden darf.

prismatisch bearbeitet.

10	11	12	13	14	15	16	17	
Bruchquerschnitt			Bruchdehnung				Querschnittsverminderung $100 \frac{ab - a_1 b_1}{ab}$	Bemerkungen
			auf 100 mm		auf 150 mm			
a_1	b_1	$a_1 b_1$						
cm	cm	qcm	mm	vH	mm	vH	vH	Bruch erfolgte
ratur rd. 20° C.								
0,92	0,97	0,89	16,3	16,3	22,0	14,6	37,3	an der Schweißstelle
1,04	1,25	1,30	6,8	6,8	9,6	6,4	17,7	» » »
						—	—	
ratur rd. 200° C.								
1,14	1,27	1,45	7,7	7,7	12,0	8,0	10,5	» » »
1,09	1,22	1,33	7,0	7,0	11,1	7,7	13,6	» » »
						7,9	12,1	

grenze; vergl. Zeitschrift des Vereines deutscher Ingenieure 1904 S. 1040 u. f.). War nur ein

Kerbschlagproben.

Prüfungstemperatur	Stab Nr.	Höhe des Stabes H	Höhe des tragenden Querschnittes h	Breite des Stabes b	Querschnitt $f = bh$	Arbeitsverbrauch zum Bruch A	$A : f$
°C		cm	cm	cm	qcm	mkg	mkg/qcm
			Stäbe ohne Schweißung.				
20	32	3,00	1,46	1,47	2,15	45,35	21,1
	33	3,00	1,48	1,48	2,19	48,4	22,1
						Durchschnitt	21,6
200	34	3,00	1,48	1,48	2,19	49,7	22,7
	35	3,00	1,49	1,48	2,20	52,6	23,9
						Durchschnitt	23,3
			Stäbe mit Schweißung.				
20	16	3,00	1,47	1,45	2,13	5,75	2,7
	17	3,00	1,51	1,45	2,19	8,15	3,7
	18	3,00	1,51	1,45	2,19	6,75	3,1
						Durchschnitt	3,2
200	19	3,00	1,49	1,45	2,16	28,65	13,3
	20	3,00	1,49	1,46	2,18	27,65	12,7
	21	3,00	1,47	1,45	2,13	22,25	10,4
						Durchschnitt	12,1

an andern Orten das eigentümliche, aus den Fig. 59 und 60, Tafel V, ersichtliche Aussehen[1]).

Ein Querschnitt durch eine Ecke der Schweißung ist in Fig. 61, Tafel V, gegeben. Links erscheint die Begrenzung der Schweißung die normale, rechts

[1]) Die auf Fig. 60 ersichtlichen Spalten treten namentlich an den beiden Außenrändern zutage. Vergl. auch Fig. 15, Tafel IV.

erstreckt sich der Querschnitt durch das Ausfüllmaterial. Das Bild zeigt, daß das Ausfüllmaterial in geringen Mengen eingeschmolzen worden ist; man hat also den Zeitaufwand nicht gescheut, um eine möglichst gute Schweißung herzustellen. Bei *a* sind Oxydeinschlüsse von sehr geringer Ausdehnung in Gruppen vereinigt, vergl. Fig. 62, Tafel V, (Vergrößerung 50fach) bei *b* ein eigenartiger Gefügeteil[1]) nach Maßgabe der Fig. 63, Tafel V, (Vergrößerung 100fach) vorhanden. In der Nähe treten kleine Risse im Gefüge auf, wie Fig. 64, Tafel V, (Vergrößerung 50fach) zeigt. Derartige weniger gute Stellen sind jedoch bei der Schweißung selten, so daß ihnen eine erhebliche Bedeutung nicht zugemessen zu werden braucht.

Ferner ist eingeliefert worden

II) Ein Stück vom oberen Scheitel eines Wellflammrohrs durch den Pfälzischen Dampfkesselrevisionsverein in Kaiserslautern, Fig. 67, Tafel VI.

Der Riß (Blechstärke des Flammrohrs rd. 11 mm) ist mittels Wasserstoff und Sauerstoff autogen verschweißt worden, brach jedoch nach 7- bis 8monatigem Betrieb wieder auf, vergl. die Abbildung, so daß Festigkeitsuntersuchungen nicht angestellt werden konnten. Fig. 68, Tafel VI, zeigt einen geätzten Querschnitt durch die Schweißstelle. Diese enthält Schlackeneinschlüsse und Poren in solcher Anzahl und Ausdehnung, daß die Schweißung entschieden minderwertig erscheint. Von Interesse ist noch, daß bei *a—b* eine überlappte Schweiß-

1	2	3	4	5	6	7
Bezeichnung	Stärke *a*	Breite *b*	Querschnitt *ab*	prismatische Länge vom Querschnitt *ab*	Belastung an der Streckgrenze	
					P_s	$P_s : ab$
	cm	cm	qcm	cm	kg	kg/qcm
					Stäbe ohne	
I, 7	0,46	2,51	1,15	20,0	2970	2583
I, 8	0,46	2,50	1,15	20,0	2750	2391
					Durchschnitt	2487
II, 8	0,85	2,30	1,96	20,0	5090	2597
II, 9	0,85	2,30	1,96	20,0	4890	2495
					Durchschnitt	2546
					Stäbe mit	
I, 1	0,63	2,50	1,58	35,0	3740	2367
I, 2	0,60	2,50	1,50	35,0	3700	2467
					Durchschnitt	2417
II, 1	0,80	2,30	1,84	35,0	4970	2701
II, 2	0,83	2,30	1,91	35,0	4890	2560
					Durchschnitt	2631

[1]) Die strahlig angeordneten Teile sind nicht erhaben. Sie treten erst nach stärkerer Aetzung hervor. Bei schwächerer Aetzung war das ganze Gebiet in der Nähe von b mit den auf Fig. 60 ersichtlichen Spalten durchsetzt. Ein dritter Querschnitt durch die Schweißung an andrer Stelle (Fig. 65, Tafel V, Vergrößerung 10fach) zeigte, daß das Gebilde im Zusammenhang steht mit den dunkeln (stärker verunreinigten) Streifen im Blechquerschnitt. Fig. 66, Tafel V, (Vergrößerung 250fach) läßt einen Teil der in Fig. 65 wiedergegebenen Stelle mit der eigenartigen strahligen Zeichnung erkennen und zeigt, daß die Strahlen nicht erhaben, eher

naht zutage tritt[1]), an deren einem Rand der Riß, der zu beseitigen war, entstand. Ein weiterer Anriß befindet sich bei *c*.

III) Stück aus der Krempe des hinteren Verbindungsstutzens zwischen Ober- und Unterkessel eines Wasserrohrkessels, eingeliefert vom Sächsisch-Thüringischen Dampfkessel-Revisionsverein zu Halle a/S.

Wandstärke rd. 14 mm.

Die Fig. 69, Tafel VI, zeigt die Außenseite. Das Zusatzmaterial ist in großer Menge traubenförmig[2]) aufgetragen, der Riß unterhalb des Nietkopfes nicht zu verschweißen versucht worden. Die Rückseite gibt Fig. 70, Tafel VI, wieder. Die äußere Erscheinung der Schweißung ist die gleiche. Die Arbeit wurde von den Leuten einer Dampfkesselfabrik, die vom Betriebsort weit entfernt liegt, mittels Wasserstoff und Sauerstoff ausgeführt. Trotz wiederholter Versuche konnte eine dauerhafte Verbindung nicht hergestellt werden, denn jedesmal riß die Stelle bei der Wasserdruckprobe wieder auf. Ein Querschnitt durch die Schweißung, Fig. 71, Tafel VI, gibt die Erklärung hierfür. Das aufgeschmolzene Material ist blasig, von Oxydschichten durchsetzt, sein Zusammenhang mit dem Blech ist gering. Daß der Schweißer nicht mit der erforderlichen Sorgfalt gearbeitet hat, erhellt schon daraus, daß er es nicht für nötig hielt, den Riß durch Auskreuzen zugänglich zu machen und durch Herstellen einer Rinne mit dreieckförmigem Querschnitt für die Schweißung vorzubereiten. Das Blech an und für sich scheint stark verunreinigt und von wenig guter

8	9	10	11	12	13	
Bruchbelastung		Bruchdehnung				Bemerkungen
		auf 100 mm		auf 200 mm		
P_{max}	$P_{max} : ab$					Bruch erfolgte bei Einteilung der Meßlänge von 200 mm in 20 gleiche Teile
kg	kg/qcm	mm	vH	mm	vH	
Schweißstelle.						
4375	3804	22,0	22,0	34,0	17,0	zwischen dem 2. und 3. Teilstrich
4069	3538	19,5	19,5	33,6	16,8	» » 6. » 7. »
	3671		20,8			
7400	3776	26,0	26,0	31,0	15,5	» » 4. » 5. »
7220	3684	28,0	28,0	49,0	24,5	» » 4. » 5. »
	3730		27,0			
Schweißstelle.						
5570	3525	13,8	13,8	25,0	12,5	am 10. Teilstrich (an der Schweißstelle)
5463	3642	14,5	14,5	25,0	12,5	» 9. » » » »
	3584		14,2			
7030	3821	24,0	24,0	33,0	16,5	zwischen dem 3. und 4. Teilstrich (außerhalb der Schweißstelle)
6910	3618	10,5	10,5	19,5	9,8	zwischen dem 9. und 10. Teilstrich (an der Schweißstelle)
	3720		—			

etwas vertieft sind. Das Gefügebild dürfte mit der stärkeren Verunreinigung zusammenhängen.

[1]) Wie erwähnt, entstand der Riß am oberen Scheitel des Flammrohrs. Die überlappte Schweißnaht war also in demjenigen Teil des letzteren angeordnet, welcher durch Erwärmung und Beanspruchung am stärksten in Mitleidenschaft gezogen wird.

[2]) Die große Menge des aufgeschmolzenen Materials dürfte von der häufigen Wiederholung der Versuche, eine gesunde Schweißung zu erzielen, herrühren.

Beschaffenheit, worauf auch das Aufspalten am linken Ende des Bildes[1]) hindeutet. Der zu verschweißende Riß ist hier wieder unmittelbar neben einer überlappt geschweißten Naht *a—b* eingetreten.

Weiterhin wurden eingeliefert

IV) 2 Stücke aus einem Zentralheizungskessel vom Magdeburger Verein für Dampfkesselbetrieb in Magdeburg.

Stück I (Stärke rd. 5 mm) entstammt nach Angabe dem Mantel, Stück II (Stärke rd. 8 mm) dem Flammrohr. Beide sind im Kessel mit Azetylen und Sauerstoff von einer Spezialfirma einseitig geschweißt. Die photographischen Fig. 72 und 73, Tafel VI, zeigen die Rückseiten[2]).

Die Ergebnisse der Zugversuche bei 20° C sind in der folgenden Zahlentafel zusammengestellt. Die Querschnittsverminderung konnte auch bei den Streifen aus dem vollen Blech nicht bestimmt werden, weil die Blechdicke infolge Abrostung zu ungleich war. Aus demselben Grunde ist auch die Zugfestigkeit mit einer gewissen Unsicherheit behaftet.

Einige der zerrissenen Stäbe sind in Fig. 74, Tafel VI, abgebildet.

Die Biegeprobe lieferte die aus Fig. 75, Tafel VI, ersichtlichen Stücke. Die geschweißten Stäbe 3 und 4 haben ziemlich weitgehende Formänderung ertragen, ehe sie aufbrachen.

Bei den Kerbschlagproben wurden die folgenden Arbeitswerte ermittelt. Prüfungstemperatur rd. 20° C.

Bezeichnung		Höhe des Stabes H	Höhe des tragenden Querschnittes h	Breite des Stabes b	Querschnitt $f = bh$	Arbeitsverbrauch beim Bruch	
						A	$A:f$
		cm	cm	cm	qcm	mkg	mkg/qcm
Stäbe ohne Schweißung.							
Mantel	I, 11	3,00	1,49	0,49	0,73	12,82	17,56
	I, 12	3,00	1,49	0,49	0,73	13,79	18,89
						Durchschnitt	18,2
Flammrohr	II, 12	3,00	1,50	0,83	1,25	21,36	17,09
	II, 13	3,00	1,50	0,84	1,26	22,45	17,82
	II, 14	3,00	1,49	0,83	1,24	21,92	17,68
						Durchschnitt	17,5
Stäbe mit Schweißung.							
Mantel	I, 5	3,00	1,49	0,59	0,88	6,39	7,26
	I, 6	3,00	1,50	0,59	0,89	5,71	6,41
						Durchschnitt	6,8
Flammrohr	II, 5	3,00	1,50	0,85	1,28	13,35	10,43
	II, 6	3,00	1,50	0,86	1,29	5,09	3,95
	II, 7	3,00	1,49	0,90	1,34	8,15	6,08

Die Arbeitswerte für die Flammrohrschweißung schwanken so stark, daß von der Bildung eines Durchschnitts abzusehen ist. Die Bruchflächen der geschweißten Stäbe sind grobkörnig.

---

[1]) Sowie die Dunkelfärbung einiger Schichten des Querschnitts, vergl. S. 72 (Anhang).

[2]) Aus den Abbildungen kann entnommen werden, auf welche Entfernung von der Schweißstelle das Blech so stark erhitzt worden ist, daß Zunderbildung eintrat. (Länge der Schweißnaht beim Mantel rd. 280 mm, beim Flammrohr rd. 270 mm.)

Ein Querschnitt durch die Mantelschweißung ist in Fig. 76, Tafel VI, abgebildet. Das Ausfüllmaterial hebt sich nur wenig ab von den Blechrändern. Letztere weisen, namentlich auf der unteren Seite, Anzeichen für Ueberhitzung auf. Die Fig. 77, Tafel VI, zeigt das deutlicher; sie läßt im Innern des Ausfüllmaterials sehr grobes Korn erkennen. Noch anschaulicher sind die Fig. 78, 79 und 80, Fig. VI, (Vergrößerung 150fach). In Fig. 78 ist das Kleingefüge des Bleches, in Fig. 79 das des überhitzten Blechrandes wiedergegeben, die schwarzen Flecken, der »Perlit«, sind hier ganz anders angeordnet als dort[1]). Das grobe Korn des Ausfüllmaterials tritt auf Fig. 80 zutage, in welcher besonders die zahlreichen Oxydeinschlüsse am Rande und im Innern der Körner bemerkenswert sind. Dieses Gefüge läßt vermuten, daß die Schweißung sich im Betriebe nicht so gut bewähren würde, wie das die Ergebnisse der mechanischen Proben wohl hätten erwarten lassen. Der Mangel der Ausführung trat in diesem Fall erst bei der metallographischen Untersuchung zutage. Durch geeignete Behandlung könnte die Schweißung voraussichtlich etwas verbessert werden.

V) Abschnitt eines Wasserrohres, eingeliefert vom Sächsisch-Thüringischen Dampfkessel-Revisionsverein zu Halle a/S.

An dem Rohr (Wandstärke rd. 3,5 mm) hatte sich nahe dem einen Ende eine Blase gebildet. Das betroffene Stück wurde abgeschnitten und mittels Wasserstoff und Sauerstoff ein neues angeschweißt. Ein die Verbindung enthaltender Abschnitt wurde sodann zusammengedrückt[2]), wie die Abbildung Fig. 81, Tafel VII, zeigt, ohne daß Risse eintraten, und in diesem Zustand zur Prüfung übersandt.

Die Ergebnisse der mit Streifen aus den nahezu ebenen Teilen vorgenommenen Zugversuche sind in der folgenden Zahlentafel zusammengestellt.

Stab Nr.	Breite b	Blechstärke d	Querschnitt $f = bd$	Bruchbelastung [1]) P_{max}	$P_{max} : f$	Bruchdehnung auf 100 mm		Bemerkungen
	cm	cm	qcm	kg	kg/qcm	mm	vH	
1	2,06	0,35	0,72	2830	3931	rd. 1	rd. 1	im Einlieferungszustand geprüft
2	2,05	0,35	0,72	2330	3236	» 1	» 1	im Einlieferungszustand geprüft
3	2,07	0,35	0,72	2120	2944	» 1	» 1	im Einlieferungszustand geprüft
4	2,00	0,35	0,70	2490	3557	» 6	» 6	geglüht
5	2,20	0,35	0,77	2870	3727	» 6	» 6	warm geschmiedet

[1]) Stab 1, 2 und 3 zeigten keine Streckgrenze. Bei Stab 4 lag dieselbe bei 1910 kg (entsprechend 2730 kg/qcm), für Stab 5 bei 2380 kg (entsprechend 3090 kg/qcm).

Die Bruchflächen der im Einlieferungszustand geprüften Streifen sind grobkristallinisch, diejenigen der Stäbe 4 und 5 sehnig.

Biegeversuche ergaben die aus Fig. 82, Tafel VII, ersichtlichen Probekörper. Der Bruch ist erst nach ziemlich weitgehender Formänderung eingetreten[3]).

[1]) Vergl. S. 80 (Anhang).

[2]) Hierbei wird die Schweißung in ihrer Längsrichtung, also verhältnismäßig wenig stark beansprucht.

[3]) Auch hier scheint durch das Ausglühen die Schweißung verbessert worden zu sein.

Ein Querschnitt durch die Schweißstelle ist in Fig. 83, Tafel VII, abgebildet. Das Ausfüllmaterial tritt hell hervor, weil es wesentlich weniger Kohlenstoff enthält als die Rohrwand. Es ist von Oxydschichten durchzogen, die jedoch eine solche Lage haben, daß sie auf die Ergebnisse der Zug- und Biegeversuche einen ungünstigen Einfluß nicht äußern werden. Das Rohrmaterial ist in der Nähe der Schweißung stark überhitzt. Fig. 84, Tafel VII (Vergrößerung 150 fach), läßt das an der Anordnung der schwarzen Flecken (»Perlit«) erkennen (vergl. auch das S. 31 und S. 80 Bemerkte). Durch Ausglühen kann die schädigende Wirkung dieses Zustandes vermindert werden. Hieraus erklärt sich der günstige Einfluß dieser Behandlung auf die Bruchdehnung (rd. 6 vH gegenüber rd. 1 vH).

VI) Flammrohr, eingeliefert vom Braunschweigischen Dampfkessel-Ueberwachungsverein e. V. in Braunschweig. Fig. 85, Tafel VII.

Am unteren Scheitel des dritten links gelegenen Schusses (Wandstärke rd. 13 mm) hatte sich der aus der Abbildung ersichtliche Riß $a-b$ gebildet. Als von den Arbeitern einer Dampfkesselfabrik versucht wurde, denselben mittels

1		2	3	4	5	6	7	8	9
Bezeichnung		Stärke a	Breite b	Querschnitt ab	prismatische Länge vom Querschnitt ab	Belastung an der Streckgrenze[1]		Bruchbelastung	
						P_s	$P_s : ab$	P_{max}	$P_{max} : ab$
		cm	cm	qcm	cm	kg	kg/qcm	kg	kg/qcm
							a) Stäbe ohne Schweißstelle,		
Stabachse parallel zur Flammrohrachse	1	1,24	2,36	2,93	20,0	8020 o. 7600 u.	2737 o. 2594 u.	11340	3870
	2	1,24	2,40	2,98	20,0	8330 o. 7700 u.	2795 o. 2584 u.	11540	3872
	3	1,25	2,36	2,95	20,0	7980 o. 7500 u.	2705 o. 2542 u.	11290	3827
						Durchschnitt	2746 o. 2573 u.		3856
Stabachse senkrecht zur Flammrohrachse	26	1,32	2,40	3,17	20,0	8330 o. 7750 u.	2628 o. 2445 u.	12670	3997
	27	1,33	2,40	3,19	20,0	8350 o. 8330 u.	2618 o. 2611 u.	12600	3950
	28	1,33	2,40	3,19	20,0	8400 o. 8380 u.	2633 o. 2627 u.	12760	4000
						Durchschnitt	2626 o. 2628 u.		3982
							b) Stäbe ohne Schweißstelle,		
Stabachse senkrecht zur Flammrohrachse	29a	1,34	2,40	3,22	20,0	8250 o. 8040 u.	2562 o. 2497 u.	12350	3835
	30	1,26	2,40	3,02	20,0	7850 o 7520 u.	2599 o. 2490 u.	11500	3808
	31	1,26	2,40	3,02	20,0	7910 o. 7840 u.	2619 o. 2596 u.	11800	3907
						Durchschnitt	2593 o. 2528 u.		3850
							c) Stab mit Schweißstelle,		
16		1,33	2,10	2,79	28,0	Streckgrenze nicht ausgeprägt vorhanden		6150	2204

Die übrigen Stäbe enthielten Reste von Rissen,

[1]) Für die Streckgrenze sind in der Regel 2 Werte angegeben (obere und untere Streck- zu beobachten, so mußten sich die Angaben auf diesen beschränken.

Azetylens und Sauerstoffs zu verschweißen, sollen sich nach den vorliegenden Mitteilungen neue Risse, von denen das Stück $c-d$ sichtbar ist, gebildet haben[1]), und es wurde deshalb der Versuch aufgegeben. Eine Innenansicht, aus der der neue Riß deutlicher hervorgeht, zeigt Fig. 86, Tafel VII. Rechts unten ist ein ausgekreuztes, aber noch nicht geschweißtes Stück des ersten Risses zu erblicken. Beim Herausarbeiten der Probestäbe traten am Rande bei *d* noch andre Risse zutage, die vermutlich schon vor der Schweißung vorhanden waren (vergl. Fußbemerkung 1).

Die Ergebnisse der bei gewöhnlicher Temperatur vorgenommenen Zugversuche sind im folgenden zusammengestellt.

Bei den Biegeversuchen ergaben sich die Bruchstücke, die in Fig. 87, Tafel VII, abgebildet sind. Streifen aus dem vollen Blech ließen sich zusam-

[1]) Bei der Erwärmung, die mit dem Schweißen verbunden ist, pflegen feine Risse, die im Blech vorhanden sind, deutlicher hervorzutreten. Es scheint daher nicht ausgeschlossen, daß die erwähnten Risse sich schon vor dem Schweißen gebildet hatten.

10	11	12	13	14	15	16	17	
Bruchquerschnitt			Bruchdehnung				Querschnittsverminderung	Bemerkungen
			auf 100 mm		auf 200 mm		$100\frac{ab-a_1 b_1}{ab}$	
a_1	b_1	$a_1 b_1$						Bruch erfolgte bei Einteilung der Meßlänge von 200 mm in 20 gleiche Teile
cm	cm	qcm	mm	vH	mm	vH	vH	
geprüft im Einlieferungszustand.								
0,78	1,55	1,13	30,5	30,5	48,8	24,4	61,4	zwischen dem 7. und 8. Teilstrich
0,76	1,65	1,25	31,0	31,0	51,0	25,5	58,1	» » 9. » 10. »
0,76	1,57	1,19	29,0	29,0	46,0	23,0	59,7	» » 7. » 8. »
						24,3	59,7	
0,77	1,58	1,22	31,0	31,0	54,0	27,0	60,9	» » 1. » 2. »
0,78	1,56	1,22	32,0	32,0	50,0	25,0	61,8	» » 4. » 5. »
0,83	1,56	1,29	32,0	32,0	52,5	26,3	59,6	» » 3. » 4. »
						26,1	60,5	
vor der Prüfung ausgeglüht.								
0,78	1,59	1,24	32,8	32,8	53,5	26,8	61,5	» » 9. » 10. »
0,70	1,57	1,10	35,0	35,0	55,0	27,5	63,6	» « 7. » 8. »
0,75	1,58	1,19	34,0	34,0	54,5	27,3	60,6	am 8. Teilstrich
						27,2	61,9	
geprüft im Einlieferungszustand.								
—	—	—	1,5	1,5	—	—	—	an der Schweißstelle
konnten daher nicht geprüft werden.								

grenze; vergl. Zeitschrift des Vereines deutscher Ingenieure 1904 S. 1040). War nur ein Wert

menbiegen, ohne Risse zu zeigen. Das Material hat auch die in den Materialvorschriften der Allgemeinen polizeilichen Bestimmungen über die Anlegung von Landdampfkesseln vorgeschriebene Hart- und Warmbiegeprobe bestanden.

Kerbschlagproben an geschweißten Stäben haben die aus der folgenden Zusammenstellung hervorgehenden Arbeitsmengen zum Bruch verbraucht. Die Bruchflächen sind grobkristallinisch und mit Fehlstellen behaftet.

Prüfungstemperatur rd. 20° C.

Stab Nr.	Höhe des Stabes H cm	Höhe des tragenden Querschnittes h cm	Breite des Stabes b cm	Querschnitt $f = bh$ qcm	Arbeitsverbrauch beim Bruch A mkg	$A : f$ mkg/qcm
10	2,88	1,50	1,55	2,33	9,95	4,27
12	3,00	1,49	1,40	2,09	5,37	2,57
13	3,00	1,48	1,31	1,94	10,85	5.59
					Durchschnitt	4,1

Ein Querschnitt durch die Schweißung ist in Fig. 88, Tafel VII, wiedergegeben. Das Ausfüllmaterial hebt sich scharf ab von den Blechrändern und enthält zahlreiche Poren[1]). Das Blech scheint ziemlich stark verunreinigt, wie aus dem Vorhandensein der dunkeln Schichten zu schließen ist (vergl. S. 72 Anhang).

VII) 3 Blechstücke aus den beiden Flammrohren eines Schiffskessels, eingeliefert vom Vorsitzenden der Technischen Kommission des Internationalen Verbandes der Dampfkesselüberwachungs-Vereine.

An den Flammrohren (Wandstärke rd. 14 mm) waren bei F, A, B und E, Fig. 89, künstlich Risse[2]) erzeugt und mittels gelösten Azetylens und Sauerstoffs

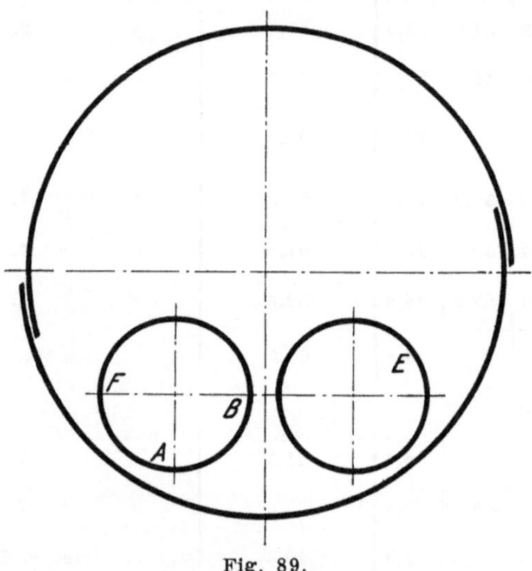

Fig. 89.

[1]) Die chemische Analyse, ausgeführt von den Herren Dr. Hundeshagen und Dr. Philip in Stuttgart, an Spänen, welche dem Ausfüllmaterial entnommen und von gröberen Schlackenteilen befreit waren, hat ergeben: Phosphor 0,057 vH, Schwefel kaum Spur, Stickstoff 0,0245 vH, Sauerstoff 0,10 vH; freier Kohlenstoff war nur spurenweise enthalten.

Die Bestimmung der Stickstoffzahl ist 4 mal erfolgt, wobei sich immer wesentlich dieselben Werte ergeben haben, die angegebene Zahl kann daher als sicher gelten.

[2]) Der Riß bei F verlief parallel zur Flammrohrachse,
» » » A » senkrecht » » ,
» » » B » » » » ,
» » » E » » » » ,

verschweißt worden. Die Arbeit, der ein Ingenieur der Materialprüfungsanstalt Stuttgart während einiger Zeit beiwohnte, ist in Hamburg von Leuten ausgeführt, die, wie demselben mitgeteilt wurde, in Marseille ausgebildet waren. Die Ausbesserung erfolgte mit den Vorrichtungen, für die die Arbeiter eingelernt waren[1]).

Stück B ist, wie Fig. 90, Tafel VII, zeigt, beim Erkalten aufgesprungen, wobei auch das Blech einriß. Dies rührt wohl davon her, daß die Niete, die der Schweißfuge gegenüberstanden, beim Schweißen nicht entfernt wurden, und die letztere der Rundnaht zu nahe lag. Nach Angabe wurden diese Verhältnisse absichtlich gewählt, um ein sprechendes Beispiel dafür, wie man es nicht machen soll, zu erhalten. Das Stück wurde nicht weiter geprüft.

Aufreißen der Naht trat ferner — diesmal unbeabsichtigt — ein[2]) bei Stück E, Fig. 89, S. 34, dessen Rückseite in Fig. 91, Tafel VII, abgebildet ist. Die aufgesprungene Stelle ist aus Fig. 92, Tafel VII, deutlicher zu erkennen Die Ursachen werden dieselben sein, wie oben angegeben.

Bei dem Längsriß F, Fig. 89 und 93, Tafel VIII, sind die hell hervortretenden Streckfiguren von Interesse, die beweisen, daß hier im Blech auf größere Entfernung, über die Breite $a—b$, Spannungen wachgerufen sind, die die Streckgrenze überschreiten[3]). Bei dem eingeschweißten Stück A sind Verschiebungen zu beobachten, erkentlich an der Unterbrechung der Stemmlinie (wie durch Maßpfeile angedeutet ist), die von den Wärmedehnungen beim Schweißen herrühren dürften[4]). Ferner sind Nietlöcher versetzt und Material

[1]) Dies wird bei Beurteilung der Ergebnisse im Auge zu behalten sein.

[2]) Hierbei ist zu beachten, daß der Kessel bei Winterkälte im Freien stand, so daß die Abkühlung rascher erfolgte, und die Temperaturunterschiede schroffere waren, als es bei höherer Temperatur des umgebenden Raumes der Fall gewesen wäre.

[3]) Als von dem Stück zum Zweck der Herstellung von Probestäben ein Streifen abgesägt wurde, bog sich der letztere auf, wie Fig. 94 zeigt. Außer den bleibenden Formänderungen, die sich durch die Streckfiguren (s. o) bemerklich machen, waren also in dem eingelieferten Stück noch sehr erhebliche elastische Formänderungen (Spannungen) enthalten, deren Größe voraussichtlich noch wesentlich geringer ist als die derjenigen, welche vor dem Herausschneiden des Stückes in dem geschlossenen Flammrohr entstanden waren. Aus der eingetretenen Auffederung wird der Schluß gezogen werden dürfen, daß die Außenseite des Flammrohrs durch diese inneren Spannungen Zugbeanspruchung erfahren hat, was darauf hinweisen würde, daß die Verspannung beim Erkalten aufgetreten ist. Dies wird auch dadurch erklärlich, daß beim Schweißen an der am meisten erhitzten Stelle die Fuge jeweils noch offen ist, so daß sich die Formänderungen, die durch die Ausdehnung infolge Erwärmung entstehen, frei ausbilden können. Beim Erkalten ist dann das Bestreben vorhanden, dieselbe Formänderung zurückzubilden, wogegen die erstarrte Schweißung Widerstand leistet. (Vergl. auch Fußbemerkung 4.)

[4]) Werden zwei Platten A und B durch autogene Schweißung verbunden, so ist, wenn bei a, Fig. 95, begonnen wird, mit Fortschreiten der Arbeit eine zunehmende Näherung der Ränder

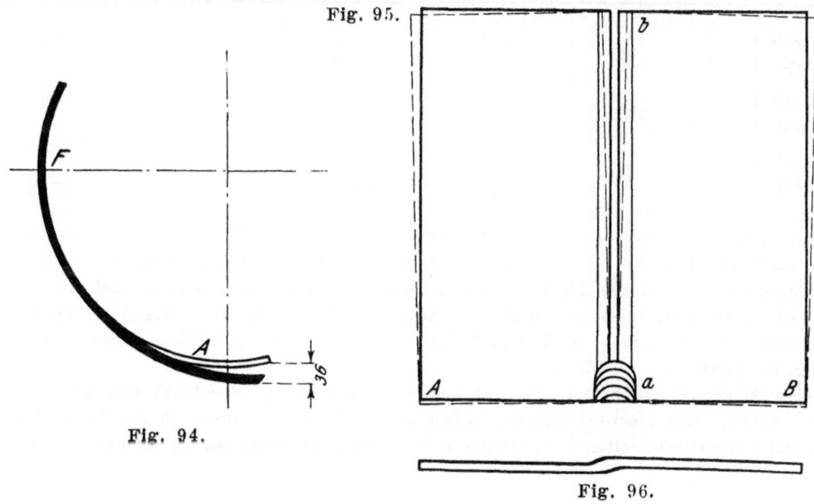

Fig. 95.

Fig. 94.

Fig. 96.

an der Stemmkante aufgetragen worden. Fig. 98 zeigt das noch deutlicher (unterer Rand). Fig. 99, Tafel VIII, gibt eine Seitenansicht und die quer zur Blechdicke eingetretene Verschiebung (durch Maßpfeile hervorgehoben).

1	2	3	4	5	6	7	8	9
Bezeichnung	Stärke a	Breite b	Querschnitt ab	prismatische Länge vom Querschnitt ab	Belastung an der Streckgrenze		Bruchbelastung	
					P_s	$P_s : ab$	P_{max}	$P_{max} : ab$
	cm	cm	qcm	cm	kg	kg/qcm	kg	kg/qcm
a) Stäbe ohne Schweißstelle,								
E 9•	1,41	2,20	3,10	17,0	7550	2435	12 720	4103
E 10•	1,42	2,20	3,12	17,0	8000	2564	12 550	4022
					Durchschnitt 2500			4063
F 8	1,37	3,00	4,11	39,0	Streckgrenze nicht ausgeprägt vorhanden		17 170	4178
F 9	1,37	3,00	4,11	39,0			17 110	4163
F 8a	1,36	3,00	4,08	20,0			17 050	4179
b) Stäbe mit Schweißstelle,								
E 1	1,40	2,20	3,08	17,0	—	—	7800	2532
E 2	1,50	2,19	3,29	17,0	—	—	7300	2219
							Durchschnitt 2376	
F 1	1,40	3,00	4,20	39,0	—	—	9 890	2355
F 2	1,40	3,00	4,20	39,0	—	—	11 670	2779
							Durchschnitt 2567	
c) Stäbe ohne Schweißstelle,								
E 9••	1,42	2,19	3,11	17,0	Streckgrenze nicht ausgeprägt vorhanden [1])		14 210	4569
E 10••	1,44	2,20	3,17	17,0			14 200	4479
							Durchschnitt 4524	
d) Stäbe mit Schweißstelle,								
E 3	1,41	2,21	3,12	17,0	—	—	4670	1497
E 4	1,40	2,20	3,08	17,0	—	—	8500	2760
							Durchschnitt 2128	

[1]) Dieses Fehlen der Streckgrenze scheint darauf hinzudeuten, daß das Blech von nicht besonders

Zusammenstellung der Durchschnittswerte.

Ort der Entnahme	Prüfungstemperatur °C	Streckgrenze kg/qcm	Zugfestigkeit kg/qcm	Bruchdehnung auf 200 mm bezw. 170 mm vH	Querschnittsverminderung vH
volles Blech E	20	2500	4063	27,2	52,7
Schweißung E		—	2376	0,7	—
volles Blech E	200	—	4524	12,2	30,4
Schweißung E		—	2128	0,6	—
volles Blech F	20	—	4179	20,4	52,5
Schweißung F		—	2567	1,1	—

bei b zu beobachten, eine Folge der Erwärmung der Bleche von a aus. Stoßen die Ränder aneinander, ehe die Verbindung bis b bewirkt ist, so entsteht an der Berührungsfläche eine Pressung, welche dazu führen kann, daß die Bleche A und B seitlich übereinandersteigen, und die fertig geschweißte Tafel uneben wird, entsprechend der Skizze Fig. 96 (vergl. auch Fig. 114, Tafel IX). Um dies zu vermeiden, pflegt man die beiden Hälften A und B nicht parallel zu legen, sondern so, wie in Fig. 95 gestrichelt angedeutet ist.

Die Schweißung des Stückes A, Fig. 93 und 98, Tafel VIII, ist nun in folgender Weise vorgenommen worden. Das einzuschweißende Stück wurde durch Schrauben in der Lage, die es im fertigen Zustand einnehmen sollte, in der Oeffnung festgeklemmt (vergl. die Skizze Fig. 97, Innen-

Die Ergebnisse der Zugversuche mit Stäben aus den Blechen E und F sind im folgenden zusammengestellt.

Der Bruchquerschnitt des Stabes E 2 ist in Fig. 100, Tafel VIII, (Stereoskopbild)

10	11	12	13	14	15	16	17	
Bruchquerschnitt			Bruchdehnung				Querschnitts-verminderung	Bemerkungen
			auf 100 mm		auf 170 mm		$100 \frac{ab - a_1 b_1}{ab}$	Bruch erfolgte
a_1	b_1	$a_1 b_1$						
cm	cm	qcm	mm	vH	mm	vH	vH	bei Einteilung der Meßlänge von
Prüfungstemperatur rd. 20° C.								170 mm in 17 gleiche Teile
0,99	1,60	1,58	34,3	34,3	49,0	28,8	49,0	zwischen dem 7. und 8. Teilstrich
0,90	1,51	1,36	29,2	29,2	43,5	25,5	56,4	» » 0. » 1. »
						27,2	52,7	
					200 mm			200 mm in 20 gleiche Teile
0,96	2,15	2,06	—	—	—	—	49,9	außerhalb der Meßlänge
0,93	2,18	2,03	—	—	—	—	50,6	» » »
0,90	2,16	1,94	29,5	29,5	40,7	20,4	52,5	zwischen dem 0. und 1. Teilstrich
Prüfungstemperatur rd. 20° C.					170 mm			170 mm in 17 gleiche Teile
—	—	—	1,0	1,0	1,2	0,7		an der Schweißstelle
—	—	—	1,0	1,0	1,1	0,6	—	» » »
						0,7		
					200 mm			200 mm in 20 gleiche Teile
			1,5	1,5	2,2	1,1	—	an der Schweißstelle } Bruchflächen
			1,2	1,2	2,2	1,1	—	» » » } vergl. Fig. 118
						1,1		Tafel IX
Prüfungstemperatur 200° C.					170 mm			170 mm in 17 gleiche Teile
1,21	1,91	2,31	14,6	14,6	20,0	11,8	25,5	zwischen dem 0. und 1. Teilstrich
1,14	1,80	2,05	15,8	15,8	21,2	12,5	35,3	» » 7. » 8. »
						12,2	30,4	
Prüfungstemperatur 200° C.								
—	—	—	0,9	0,9	1,0	0,6	—	an der Schweißstelle
—	—	—	0,6	0,6	0,8	0,5	—	» » »
						0,6		

guter Beschaffenheit ist (vergl. Mitteilungen über Forschungsarbeiten Heft 33 S. 58 Fußbemerkung 1).

ansicht), die Schweißung bei *a* begonnen und in der Richtung der Pfeile fortgesetzt. Nach dem oben Gesagten mußte dann eine Verengung der Fuge eintreten (in der Richtung des Schweißens). Da das umgebende Flammrohr als feststehend anzusehen ist, mußte auf diese Weise eine Drehung des Flicks gegenüber dem Flammrohr im Sinne des Uhrzeigers eintreten, d. h. die Stemmkante die in Fig. 93 und 98 zu beobachtende Verschiebung erleiden. Wie Fig. 99, Tafel VIII, zeigt, ist auch Aufsteigen der Ränder erfolgt. Gleichzeitig trat Versetzung der Nietlöcher gegenüber den benach-

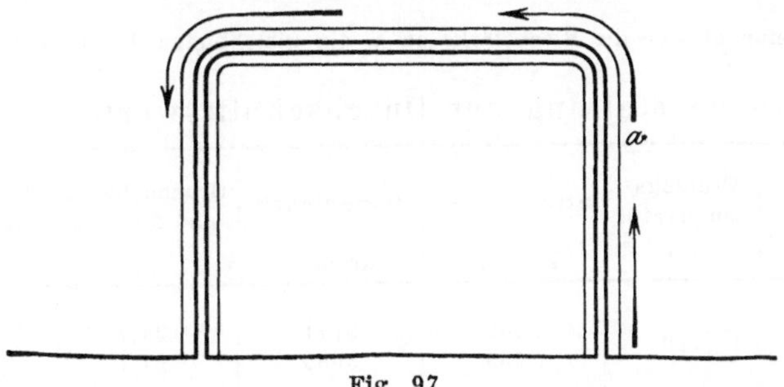

Fig. 97.

barten Teilen der Flammrohr-Rundnaht ein, wie im Text erwähnt wird. Diese Vorgänge verdienen die volle Beachtung derjenigen, welche Schweißungen auszuführen und zu überwachen haben, namentlich dann, wenn ein Stück rings von vollem Blech umgeben ist, die Ausdehnung bezw. Verdrehung also nicht ungehindert erfolgen kann. Vergl. hierzu das auf S. 22 zu dem Marseiller Blech bemerkte, sowie Fig. 110 und 111, Tafel IX und S. 42.

wiedergegeben. Die dunkeln Teile sind oxydiert, nur die hellen bilden die wirksame Schweißung. Fig. 101, Tafel VIII, zeigt einige der zerrissenen Stäbe.

Biege- und Schlagstreifen sind Fig. 102, 103 und 104, Tafel VIII, wiedergegeben. Für die geschweißten Stücke sind die Winkel bei Eintritt des Bruches nicht groß. Stäbe ohne Schweißung haben sich flach zusammenbiegen lassen, ohne Risse zu zeigen.

Ein Querschnitt durch die Schweißung des Stückes E ist in Fig. 105, Tafel VIII, abgebildet, das Ausfüllmaterial zeigt sehr grobes Korn, es ist von Oxydschichten durchsetzt, und die Schweißung reicht nicht durch die ganze Blechdicke, so daß das mangelhafte Verhalten bei der mechanischen Prüfung verständlich wird[1]). Das Blech E selbst scheint allerdings ziemlich unrein zu

[1]) Vergl. auch das zu Fig. 100 Bemerkte. Ein Teil der Naht des Stückes E war nach Angabe über Kopf geschweißt, d. h. die Schweißstelle lag oberhalb des Schweißers. Der Querschnitt, Fig. 105, entstammt diesem Teil nicht. Das Aussehen der Schweißung machte auf der ganzen Länge denselben Eindruck.

Sämtliche Stäbe sind im Einlieferungszustand,

1	2	3	4	5	6	7	8	9
Bezeichnung	Stärke a	Breite b	Querschnitt ab	prismatische Länge vom Querschnitt ab	Belastung an der Streckgrenze		Bruchbelastung	
					P_s	$P_s : ab$	P_{max}	$P_{max} : ab$
	cm	cm	qcm	cm	kg	kg/qcm	kg	kg/qcm
						a) Stäbe ohne Schweißstelle,		
23	1,32	2,30	3,04	20,0	7500	2467	11 350	3734
24	1,33	2,29	3,05	20,0	8100	2656	11 610	3807
					Durchschnitt	2562		3771
						b) Stäbe mit Schweißstelle,		
1	1,33	2,30	3,06	20,0	7400	2418	11 120	3634
2	1,33	2,30	3,06	20,0	7500	2451	11 330	3703
					Durchschnitt	2435		3669
						c) Stäbe ohne Schweißstelle,		
21	1,33	2,31	3,07	20,0	7280	2371	15 450	5033
22	1,33	2,32	3,09	20,0	7550	2443	15 520	5023
					Durchschnitt	2407		5028
						d) Stäbe mit Schweißstelle,		
3	1,34	2,27	3,04	20,0	7100	2336	15 080	4961
4	1,33	2,32	3,09	20,0	7330	2372	15 350	4968
					Durchschnitt	2354		4965

[1]) An der Schweißnaht war die Blechstärke zu wenig gleichbleibend, als daß die Ermitt-

Zusammenstellung der Durchschnittswerte.

Art der Stäbe	Prüfungstemperatur °C	Streckgrenze kg/qcm	Zugfestigkeit kg/qcm	Bruchdehnung auf 200 mm vH	Querschnittsverminderung vH
ohne Schweißstelle	20	2562	3771	24,2	58,3
mit »		2435	3669	21,1	—
ohne »	200	2407	5028	—	—
mit »		2354	4965	12,6	36,2

sein, doch hatten die Schweißer nach den gemachten Mitteilungen erklärt, daß sie es noch schweißen könnten[1]).

Der in Fig. 106 abgebildete Querschnitt durch die Schweißung F zeigt ähnliches. Auch bei ihm sind Oxydschichten und Blasen in reichlichem Maße vorhanden.

VIII) Blechstück, mit Wassergas überlappt geschweißt.

(Vergl. das über die Wassergasschweißung S. 68 Bemerkte.)

Die Ergebnisse der Zugversuche sind im folgenden zusammengestellt.

Die Biege- und Schlagproben ließen sich, auch bei den Stäben mit Schweißnaht, zusammenfalten, ohne daß mehr als äußerliche Risse auftraten, wie die photographische Abbildung Fig. 107, Tafel IX, zeigt.

nach Angabe ungeglüht, geprüft worden.

10	11	12	13	14	15	16	17	
Bruchquerschnitt			Bruchdehnung				Querschnittsverminderung	Bemerkungen
a_1	b_1	$a_1 b_1$	auf 100 mm		auf 200 mm		$100 \frac{ab - a_1 b_1}{ab}$	Bruch erfolgte bei Einteilung der Meßlänge von 200 mm in 20 gleiche Teile
cm	cm	qcm	mm	vH	mm	vH	vH	
Prüfungstemperatur rd. 20° C.								
0,80	1,60	1,28	26,2	26,2	41,1	20,6	57,9	zwischen dem 3. und 4. Teilstrich
0,84	1,50	1,26	33,5	33,5	55,3	27,7	58,7	» » 2. » 3. »
						24,2	58,3	
Prüfungstemperatur rd. 20° C.								
—	—	—	—	—	—	—	—	außerhalb der Meßstrecke
—	—	—	29,2	29,2	42,1	21,1	—[1])	zwischen dem 5. und 6. Teilstrich
Prüfungstemperatur 200° C.								
—	—	—	—	—	—	—	—	außerhalb der Meßlänge
—	—	—	—	—	—	—	—	» » »
Prüfungstemperatur 200° C.								
1,04	1,84	1,94	17,2	17,2	25,2	12,6	36,2	zwischen dem 1. und 2. Teilstrich
—	—	—	—	—	—	—	—	außerhalb der Meßstrecke

lung der Querschnittsverminderung hätte erfolgen können.

[1]) Nach den heute vorliegenden Erfahrungen vermag ein geübter Schweißer am Fluß des geschmolzenen Materials zu erkennen, ob es sich zur Schweißung eignet. Im einzelnen Fall kommt es nun jeweils darauf an, ob der Schweißer — oder der Aufsichtsbeamte — rechtzeitig bemerkt, wenn das Material zu stark verunreinigt oder zu kohlenstoffreich ist. Die nach schlechtem Ausfall von Versuchen gemachte Angabe, daß das Material ungeeignet gewesen sei, ist belanglos, weil im Ernstfall, wo eine Untersuchung nicht stattfinden kann, die Schweißung eben vorgenommen und zu einem etwa eintretenden Unfall Gelegenheit geschaffen worden ist. Dies gilt natürlich nur für Schweißungen, die zwar so gut sind, daß sie die Abnahmeversuche aushalten, und bei der Besichtigung nicht zu Bedenken Anlaß geben, aber doch den im Betrieb auftretenden Beanspruchungen nicht auf die Dauer standzuhalten vermögen.

Bei den Kerbschlagproben wurden die aus der folgenden Zusammenstellung ersichtlichen Arbeitsmengen verbraucht.

Stab Nr.	Ort der Entnahme	Prüfungs-temperatur	Höhe des Stabes H	Höhe des tragenden Querschnitts h	Breite des Stabes b	Quer-schnitt $f = bh$	Arbeitsverbrauch beim Bruch	
							A	$A:f$
		°C	cm	cm	cm	qcm	mkg	mkg/qcm
31	Stäbe ohne Schweißnaht	20	3,00	1,49	1,38	2,06	37,91	18,40
32			3,00	1,50	1,34	2,01	38,65	19,23
33			3,00	1,50	1,33	2,00	39,78	19,89
							Durchschnitt	19,2
12	Stäbe mit Schweißnaht	20	3,00	1,49	1,62	2,41	27,39	11,37
13			3,00	1,49	1,54	2,29	29,05	12,69
							Durchschnitt	12,0
34	Stäbe mit Schweißnaht	200	3,00	1,50	1,34	2,01	42,78	21,28
35			3,00	1,49	1,37	2,04	44,43	21,78
36			3,00	1,49	1,35	2,01	42,76	21,28
							Durchschnitt	21,4
14	Stäbe ohne Schweißnaht	200	3,00	1,49	1,50	2,24	43,65	19,49
15			3,02	1,48	1,46	2,16	50,50	23,38
16			3,00	1,50	1,45	2,18	38,23	17,54
							Durchschnitt	20,1

Ein Stück eines Querschnittes durch die Schweißnaht ist in Fig. 108, Tafel IX, wiedergegeben. Wie ersichtlich, enthält die Fuge stellenweise Schlackenteile. Diese hängen jedoch, wie Fig. 109, Tafel VIII (Vergrößerung 75fach), zeigt, nicht über größere Längen zusammen, so daß die Güte der Schweißung unter Berücksichtigung der langen Ueberlappung nur wenig beeinträchtigt werden wird.

III) Bericht über Versuche, ausgeführt im Auftrag des Vereines deutscher Ingenieure.

Erstattet von R. Baumann.

In der Zeitschrift des Vereines deutscher Ingenieure 1909 S. 279 sowie in andern Fachzeitschriften ist folgende Bekanntmachung erschienen:

Autogene Schweißung.

Der Vorstand des Vereines deutscher Ingenieure hat auf Antrag seines Technischen Ausschusses, der damit einer Anregung des Hrn. Dr. C. von Linde folgte, beschlossen, die auf die autogene Schweißung bezüglichen Fragen der Beantwortung zuzuführen. Die Studien und Versuche sollen sich insbesondere erstrecken auf die verschiedenen Methoden der autogenen Schweißung, auf die Faktoren, welche hierbei Einfluß nehmen, auf die Nachbehandlung der Schweißstellen usw. Dabei werden auch die elektrische Schweißung, die Wassergasschweißung und die Feuerschweißung zum Vergleich heranzuziehen sein.

Der Auftrag zur Leitung der Arbeiten ist dem Unterzeichneten erteilt worden. Nach Maßgabe der Verhandlungen, welche am 30. Januar im Hause des Vereines deutscher Ingenieure stattgefunden haben, werden diejenigen Firmen, welche Schweißapparate liefern und deren Prüfung sowie die Untersuchung der mit ihren Einrichtungen geschweißten Stücke wünschen, ersucht, sich zum Zwecke der Vereinbarung der Prüfungszeit und der sonst in Betracht kommenden Einzelheiten im Laufe der nächsten 2 Monate mit dem Unterzeichneten in Verbindung zu setzen.

Stuttgart, den 31. Januar 1909. C. Bach.
Cannstatter Straße 1.

Auf Grund dieser Veröffentlichung meldeten sich Firmen und beantragten, daß ihre Apparate sowie die mit denselben ausgeführten Arbeiten untersucht würden. Bei zweien derselben, im folgenden mit A und B bezeichnet, wurde diesem Antrage Folge geleistet und die Prüfung der Schweißarbeiten, welche von ihren Leuten und mittels ihrer Vorrichtungen in Anwesenheit eines Beamten der Materialprüfungsanstalt Stuttgart ausgeführt worden sind, vorgenommen.

Außerdem sind eingeliefert worden:

C) 7 autogen (nach Angabe mittels Azetylens und Sauerstoffs) geschweißte Blechtafeln, nach der Schweißung geschmiedet, von der Firma C;

D) 12 Stäbe, von denen nach Angabe 8 aus Siemens-Martin-Feuerblech, 4 aus Mantelblech bestanden, von einem Dampfkessel-Ueberwachungsverein;

E) 2 Blechtafeln, die nach Angabe unter dem Dampfhammer mittels Wassergas überlappt geschweißt und aus Zylindern herausgeschnitten worden sind, von der Firma E. Blech E 1 ist der Längsnaht, Blech E 2 der Rundnaht eines Zylinders entnommen.

A) Bericht über die Schweißarbeiten der Firma A.

Ausgeführt wurden folgende Arbeiten:

a) Schweißungen mittels gelösten Azetylens (»Dissous«) und Sauerstoffs,

b) Schweißungen mittels Azetylens, das in einem Apparat entwickelt wurde, und Sauerstoffs. Länge der Schweißnaht je rd. 400 mm.

c) Schneiden von Blechstreifen verschiedener Breite und Dicke mit dem Azetylen-Sauerstoff-Schneidbrenner.

Die folgende Zusammenstellung gibt eine Uebersicht über die unter a) und b) ausgeführten Arbeiten.

Nr.	Herkunft des Bleches	Dicke mm	Gasart	Bemerkungen	Schweißzeit Stunden (rd.)
1	I	5	Dissous	unbrauchbar, zerschlagen, nicht eingeliefert	$1^{1}/_{2}$
2	I	15	»	—	$2^{1}/_{4}$
3	I	10	?	—	?
4	I	20	?	—	3
5	I	5	Apparat	nicht geprüft, weil zu stark verzogen	$1^{1}/_{2}$
6	I	15	»	—	3
7	I	22	Dissous?	—	$3^{3}/_{4}$
8^{D}_{A}	I	25	$^{1}/_{2}$ » $^{1}/_{2}$ Apparat	—	$3^{3}/_{4}$
9	II	5	»	nicht geprüft, weil stark verzogen; Apparat gereinigt	$^{3}/_{4}$
10	II	10	»	—	$1^{1}/_{2}$
11	II	17	»	—	$2^{1}/_{4}$
12	II	15	»	—	2
13	II	10	»	nicht eingeliefert	1
14	II	22	»	Apparat zuerst verschlammt, dann gereinigt	3
15	II	15	»	nicht eingeliefert	$^{3}/_{4}$
16	II	6	»	» »	$^{1}/_{2}$
A	III	10	»	absichtlich mit zuviel Azetylen geschweißt	—
O	III	10	»	absichtlich mit zuviel Sauerstoff geschweißt	—
17	III	10	»	Tafel mit Ausschnitt in der Mitte	—
18	III	10	»	Tafel mit Ausschnitt am Rande	—

Die mit ? bezeichneten Schweißungen wurden in Abwesenheit des Ingenieurs der Materialprüfungsanstalt Stuttgart vorgenommen.

Die Firma A beabsichtigt, in erster Linie auch Ausbesserungen an Dampfkesseln vorzunehmen; dem Schweißer wurde größte Sorgfalt anempfohlen. Daß der Zeitaufwand nicht gescheut worden ist, erhellt aus den z. T. sehr beträchtlichen Schweißzeiten.

Aus der Platte Ziff. 17 von rd. 1000 mm Länge und 800 mm Breite wurde ein Stück von 300 auf 200 mm ausgeschnitten und wieder eingeschweißt. Fig. 110, Tafel IX, gibt die Platte wieder, während Fig. 111 eine Seitenansicht darstellt. Beide Abbildungen lassen erkennen, welch bedeutende Spannungen durch das Einschweißen hervorgebracht sein müssen, um die vorher ebene Platte so zu verziehen, wie die Bilder angeben. Der Vertreter der ausführenden Firma teilte übrigens vor Beginn der Arbeit mit, daß er diese Schweißung im Ernstfall nicht ausführen, sondern die Trennungsfugen der kurzen Seiten bis zum Rande fortsetzen würde. (Vergl. hierzu das zu S. 22 und S. 35 Bemerkte). Eine mit dieser Schnittführung hergestellte Schweißung (Ziff. 18) zeigte, wie zu erwarten war, weit geringere Verwerfung.

Fig. 112, 113 und 114, Tafel IX, geben Ansichten der Tafel XIV (Stärke 22 mm). Die Schweißstelle ist verdickt, und die beiden Hälften sind in der Seitenansicht gegeneinander versetzt (vergl. das in der Fußbemerkung zu S. 35 Fig. 96 Ausgeführte).

Fig. 115, Tafel IX, zeigt die Schweißstelle des Bleches A (absichtlich mit zuviel Azetylen geschweißt), Fig. 116, Tafel IX, diejenige der Tafel O (absichtlich mit zuviel Sauerstoff geschweißt).

Während der Schweißungen wurde das Gas durch die Anstalt für chemische Untersuchungen an der Kgl. Württ. Zentralstelle für Gewerbe und Handel untersucht. Der Bericht derselben lautet:

I) Azetylen-Dissous.

Am 10. Mai 1909, vormittags 11 bis 11^{30} Uhr.

Oberer Heizwert	13023	WE/cbm
Phosphorwasserstoff	0,002	Vol.-Proz.
Schwefelwasserstoff	0,026	»

II) Azetylengas aus dem Entwickler.

Oberer Heizwert

am 10. Mai 1909, vormittags kurz nach der Beschickung	11 754	WE/cbm
nachmittags 1^{55} bis 2^{20} Uhr	12 306	»
» 4^{40} » 5^{00} »	12 887	»
am 11. Mai 1909, nachmittags 4—5 Uhr	12 358	»

(Der Apparat war stark verschlammt.)

Die Heizwerte sind auf 15° C und 760 mm Barometerstand reduziert.

Bestimmung von Phosphor- und Schwefelwasserstoff am 10. Mai 1909 nachmittags.

Phosphorwasserstoffgehalt	0,005	Vol.-Proz.
Schwefelwasserstoffgehalt	0,055	»

Bestimmung von Phosphor- und Schwefelwasserstoff am 13. Mai 1909, vor- und nachmittags.

	an der Gasglocke	vor dem Brenner
Phosphorwasserstoff . . .	0,007 Vol.-Proz.	0,004 Vol.-Proz.
Schwefelwasserstoff . . .	0,039 »	0,036 »

Untersuchung des Sauerstoffs.

Der Sauerstoff enthält 99,2 vH reinen Sauerstoff.

gez. Dr. Rau.

Aus den eingelieferten Platten wurden senkrecht zur Schweißung durch Sägen Streifen entnommen, diese mit A, B, C usw. bezeichnet und aus ihnen durch Hobeln Probestäbe zur mechanischen Prüfung sowie Stücke zur metallographischen Untersuchung hergestellt.

Ergebnisse der Zugver-

1		2	3	4	5	6	7	8	9
Bezeichnung geschweißt mit		Stärke *a*	Breite *b*	Quer-schnitt *ab*	prisma-tische Länge vom Quer-schnitt *ab*	Belastung an der Streckgrenze[1] P_s	$P_s : ab$	Bruchbelastung P_{max}	$P_{max} : ab$
		cm	cm	qcm	cm	kg	kg/qcm	kg	kg/qcm
gelöstem Azetylen (Dissous)	2 B	1,52	2,51	3,82	20,0	9050	2369	13060	3419
	2 C	1,53	2,50	3,83	20,0	9150	2389	13460	3514
						Durchschnitt	2379		3467
	3 B	1,10	2,50	2,75	20,0	6760 o. 6640 u.	2458 o. 2415 u.	8940	3251
	3 C	1,10	2,50	2,75	20,0	6890 o. 6550 u.	2505 o. 2382 u.	7840	2851
						Durchschnitt	2482 o. 2399 u.		3051
	4 B	2,00	2,98	5,96	20,0	13620 o. 13510 u.	2285 o. 2267 u.	14750	2475
	4 C	2,00	3,00	6,00	20,0	13500 o. 13380 u.	2250 o. 2230 u.	17110	2652
	4 D	2,00	3,00	6,00	20,0	13410 o. 13260 u.	2235 o. 2210 u.	14060	2343
						Durchschnitt	2250 o. 2236 u.		2490
Apparat-gas	6 B	1,68	2,50	4,20	20,0	9260	2205	12430	2960
	6 C	1,67	2,50	4,18	20,0	9160	2191	11360	2718
						Durchschnitt	2198		2839
	7 B	2,23	2,98	6,65	20,0	15040 o. 14750 u.	2262 o. 2218 u.	17660	2656
	7 C	2,23	3,00	6,69	20,0	15260 o. 14990 u.	2281 o. 2241 u.	19600	2930
						Durchschnitt	2272 o. 2230 u.		2793
Apparat-gas	8 A B	2,49	3,00	7,47	20,0	—	—	15300	2048
	8 A C	2,48	2,97	7,37	20,0	16590 o. 16500 u.	2251 o. 2239 u.	18760	2545
						Durchschnitt	2251 o 2239 u.		2297
gelöstem Azetylen	8 D B	2,47	2,99	7,39	20,0	17200 o 17090 u.	2327 o. 2313 u.	18675	2527
	8 D C	2,46	2,98	7,33	20,0	—	—	16450	2244
						Durchschnitt	2327 o. 2313 u.		2386
Apparat-gas	10 B	1,00	2,48	2,48	20,0	6620 o. 6570 u.	2669 o. 2649 u.	8775	3538
	10 C	1,00	2,50	2,50	20,0	6500 o. 6430 u.	2600 o. 2572 u.	8960	3584
						Durchschnitt	2635 o. 2611 u.		3561
»	11 B	1,62	2,50	4,05	20,0	8300 o. 8250 u.	2049 o. 2037 u.	13795	3406
»	11 C	1,62	2,48	4,02	20,0	8270 o. 7980 u.	2057 o. 1985 u.	12710	3162
»	11 D	1,64	2,50	4,10	20,0	8710 o. 8620 u.	2124 o. 2102 u.	13250	3232
						Durchschnitt	2077 o. 2041 u.		3267

[1]) Für die Streckgrenze sind in der Regel 2 Werte angegeben: obere und untere Streck-

suche bei rd. 20° C.

10	11	12	13	14	15	16	17	
Bruchquerschnitt			Bruchdehnung				Querschnitts-verminderung	Bemerkungen
			auf 100 mm		auf 200 mm		$100 \frac{ab - a_1 b_1}{ab}$	
a_1	b_1	$a_1 b_1$						
cm	cm	qcm	mm	vH	mm	vH	vH	Bruch erfolgte
—	—	—	15,5	15,5	25,0	12,5	—	an der Schweißstelle
—	—	—	16,6	16,6	33,1	16,6	—	» » »
—	—	—		16,1		14,6	—	
—	—	—	7,6	7,6	14,7	7,4	—	» » »
—	—	—	4,2	4,2	8,2	4,1	—	» » »
—	—	—		5,9		5,8	—	
—	—	—	3,8	3,8	6,8	3,4	—	» » »
—	—	—	6,0	6,0	11,0	5,5	—	» » »
—	—	—	4,2	4,2	6,0	3,0	—	» » »
—	—	—		4,7		4,0	—	
—	—	—	9,8	9,8	16,8	8,4	—	» » »
—	—	—	3,4	3,4	7,4	3,7	—	» » »
—	—	—		6,6		6,1	—	
—	—	—	3,4	3,4	6,2	3,1	—	» » »
—	—	—	4,5	4,5	9,5	4,8	—	» » »
—	—	—		4,9		4,0	—	
—	—	—	0	0	0	0	—	» » »
—	—	—	2,9	2,9	5,6	2,8	—	» » »
—	—	—		1,5		1,4	—	
—	—	—	3,2	3,2	5,9	3,0	—	» » »
—	—	—	0	0	0	0	—	» » »
—	—	—	—	1,6		1,5	—	
—	—	—	31,0	31,0	40,8	20,4	—	zwischen dem 0. und 1. Teilstrich
—	—	—	—	—	—	—	—	außerhalb der Meßlänge
—	—	—	31,0	31,0	40,8	20,4	—	
—	—	—	—	—	—	—	—	» » »
—	—	—	9,4	9,4	18,2	9,1	—	an der Schweißstelle
—	—	—	9,7	9,7	18,7	9,4	—	» » »
—	—	—		9,6		9,3	—	

grenze (vergl. Zeitschrift des Vereines deutscher Ingenieure 1904 S. 1040 u. f.).

1	2	3	4	5	6	7	8	9
Bezeichnung	Stärke a	Breite b	Querschnitt ab	prismatische Länge vom Querschnitt ab	Belastung an der Streckgrenze [1]		Bruchbelastung	
geschweißt mit	cm	cm	qcm	cm	P_s kg	$P_s : ab$ kg/qcm	P_{max} kg	$P_{max} : ab$ kg/qcm
Apparatgas 12 B	1,50	2,50	3,75	20,0	9150	2440	13490	3597
Apparatgas 12 C	1,50	2,50	3,75	20,0	8600	2293	13070	3485
					Durchschnitt	2367		3541
» 14 B	2,23	2,99	6,67	20,0	13970 o. 13890 u.	2094 o. 2082 u.	20875	3130
» 14 C	2,24	3,00	6,72	20,0	14030 o. 13960 u.	2088 o. 2077 u.	23730	3531
» 14 E	2,23	3,00	6,69	20,0	13500 o. 13430 u.	2018 o. 2007 u.	20300	3034
					Durchschnitt	2067 o. 2055 u.		3232
» AB..	1,02	2,49	2,54	20,0	6360 o. 6200 u.	2504 o. 2441 u.	9100	3583
» AC..	1,04	2,48	2,58	20,0	6280 o. 6140 u.	2434 o, 2380 u.	6590	2554
» AD..	1,02	2,49	2,54	20,0	6270 o. 6150 u.	2469 o. 2421 u.	9535	3754
					Durchschnitt	2469 o. 2414 u.		3297
» O B	1,04	2,50	2,60	20,0	Streckgrenze nicht		3220	1238
» O C	1,03	2,50	2,58	20,0	ausgeprägt vorhanden		1290	500
							Durchschnitt	869

[1]) Für die Streckgrenze sind in der Regel 2 Werte angegeben: obere und untere Streck-

Durchschnittswerte (Bleche geordnet nach ihrer Dicke).

Blech Nr.	Dicke rd. mm	Zugfestigkeit kg/qcm	Bruchdehnung auf 200 mm vH	Bruch erfolgte
		Schweißungen mit gelöstem Azetylen (Dissous).		
3	11	3051	5,8	bei sämtlichen 11 Stäben an der Schweißstelle
2	15	3467	14,6	
4	20	2490	4,0	
7	22	2793	4,0	
8 D	25	2386	1,5	
		Schweißungen mit Apparatgas.		
10	10	3561	20,4	außerhalb der Schweißstelle
12	15	3541	12,3	an der Schweißstelle
11	16	3267	9,3	» » »
6	17	2839	6,1	bei 2 Stäben, bei 1 Stab außerhalb derselben an der Schweißstelle
14	22	3232	7,2 22,8 6,0	» » »
8 A	25	2297	1,4	bei 2 Stäben, bei 1 Stab außerhalb derselben an der Schweißstelle
A	10	3297	8,4 0 12,6	» » »
O	10	869	0	» » »

10	11	12	13	14	15	16	17	
Bruchquerschnitt			Bruchdehnung				Querschnitts-verminderung	Bemerkungen
			auf 100 mm		auf 200 mm		$100 \frac{ab - a_1 b_1}{ab}$	
a_1	b_1	$a_1 b_1$						
cm	cm	qcm	mm	vH	mm	vH	vH	Bruch erfolgte
—	—	—	10,5	10,5	27,2	13,6	—	an der Schweißstelle
—	—	—	9,5	9,5	22,0	11,0	—	» » »
—	—	—		10,0		12,3	—	
—	—	—	7,0	7,0	14,3	7,2	—	» » »
—	—	—	30,0	30,0	45,5	22,8	—	zwischen dem 2. und 3. Teilstrich
—	—	—	5,3	5,3	11,9	6,0	—	an der Schweißstelle
—	—	—					—	
—	—	—	6,2	6,2	16,8	8,4	—	» » »
—	—	—	0	0	0	0	—	» » »
—	—	—	9,6	9,6	25,2	12,6	—	» » »
—	—	—						
—	—	—	0	0	0	0	—	» » »
—	—	—	0	0	0	0	—	» » »
—	—	—	0	0	0	0	—	

grenze (vergl. Zeitschrift des Vereines deutscher Ingenieure 1904 S. 1040 u. f.).

Von den geprüften normal geschweißten 25 Stäben sind somit 4 außerhalb der Schweißstelle gerissen. Die Zugfestigkeit ist in der Regel bei den dünneren Blechen höher als bei den dickeren. Legt man der Berechnung der Festigkeit nicht die Blechstärke zugrunde, sondern die größte Dicke der Schweißstelle, so ergeben sich für die an der letzteren gerissenen Stäbe folgende Werte:

Blech	3	2	4	7	8D	12	11	6	14	8A
Zugfestigkeit kg/qcm	2483	2941	2344	2306	2122	2916	3048	2266	2377	1988

Die Reihenfolge der Bleche bei Ordnung nach der Zugfestigkeit ergibt somit bei Zugrundelegung der

Blechdicke	10	12	3	11	14	3	6	7	4	8D	8A,
größten Dicke der Schweißstelle	10	11	2	12	3	14	4	7	6	8D	8A;

es zeigen sich also keine großen Unterschiede, nur sind die Zahlenwerte für die Zugfestigkeiten im zweiten Fall (welcher den tatsächlichen Verhältnissen beim Bruch näher kommen wird; Fig. 117, Tafel IX, gibt einige der zerrissenen Stäbe in Seitenansicht wieder und bestätigt dies entschieden) wesentlich geringer als im ersten. In Fig. 118 [1]), Tafel IX, sind Bruchquerschnitte der Zugstäbe zusammengestellt. Fig. 119, Tafel X, zeigt drei zerrissene A-Stäbe (zuviel Azetylen). Fig. 120, Tafel IX, ist eine stereoskopische Abbildung der Bruchflächen des Zugstabes AD (zuviel Azetylen).

[1]) Die Stäbe F 1 und F 2 gehören zu der auf S. 37 u. f. besprochenen Schweißung des Stückes F.

Biegeversuche.

Die erhaltenen Probekörper sind in den Fig. 121 bis 135, Tafel X, abgebildet. Es stellt dar

Fig. 121	die Stäbe	2	D	und	F,		Fig. 122	die Stäbe	3	F	und	G,
» 123	»	» 4	F	»	G,		» 124	»	» 6	E	»	F,
» 125	»	» 7	F	»	G,		» 126	»	» 8A	D	»	E,
» 127	»	» 8D	D	»	E,		» 128	»	» 8D	F	»	G,
» 129	»	» 10	D	»	G,		» 130	»	» 11	F	»	G,
» 131	»	» 12	H	»	I,		» 132	»	» 14	F	»	G,
» 133	»	» A	B	»	G,		» 134	»	» A	E	»	D,
» 135	»	» O	F	»	G.							

Der bei Eintritt des Bruches erreichte Biegewinkel ist bei den normal geschweißten Tafeln 2, 4, 6, 7, 8, 12 und 14 gering. Ein Biegewinkel von 180° ließ sich nur erreichen bei Blech 10, das auch bei den Zugversuchen die günstigsten Ergebnisse geliefert hatte. Ein ausgesprochener Unterschied im Verhalten bei Vorwärts- und Rückwärtsbiegung ist nicht festzustellen, jedenfalls auch aus dem Grunde nicht, weil alle Bleche von beiden Seiten her verschweißt worden sind. Im ganzen wird auszusprechen sein, daß die vorgenommenen Biegeversuche in den meisten Fällen einen sehr guten Anhaltspunkt für die Beurteilung der Schweißung liefern, was umso beachtenswerter erscheint, als solche sich überall leicht ausführen lassen. Daß breitere Streifen infolge von inneren Spannungen unter Umständen weniger günstige Ergebnisse liefern können als schmale, soll nicht unerwähnt bleiben.

Metallographische Untersuchung.

Geätzte Querschnitte durch die Schweißstellen sind in den Fig. 136 bis 148, Tafel IX und X, abgebildet.

Fig. 136 (Blech 2) zeigt außer zahlreichen Einschlüssen grobes Korn und Anzeichen für stattgehabte Ueberhitzung. Die Schichten stärkerer Verunreinigung sind auf dem Bilde hell, eine Folge von schräger Beleuchtung, welche gewählt wurde, um die Körnung deutlicher hervortreten zu lassen. Diese Bemerkung gilt auch für einen Teil der folgenden Figuren. Das Kleingefüge entspricht dem unter IV S. 31 beschriebenen.

Fig. 137 (Blech 3) enthält zahlreiche kleine Schlackeneinschlüsse; der linke Blechrand weist eine langgestreckte, sehr dünne Oxydschicht $a-a$ auf. Am unteren Rande läßt das Kleingefüge Ueberhitzung oder Verbrennen beobachten.

Fig. 138 (Blech 4). Bei a, $b-b$, c und $d-d$ sind Schlackeneinschlüsse zu beobachten. Das Ausfüllmaterial ist etwas kohlenstoffreicher, als bei den vorhergehenden Schweißungen. Es ist jedoch kein »Perlit« vorhanden, sondern die einzelnen Bestandteile sind zu kleinen Körnern zusammengeflossen (vergl. Anhang S. 79). Das Ausfüllmaterial ist grobkörnig. Die verbundenen Bleche weisen, namentlich am oberen Rande auf der rechten Seite, Anzeichen für Ueberhitzung auf.

Fig. 139 (Blech 6) zeigt zahlreiche kleinere und größere Einschlüsse, von denen namentlich der mit $a-a$ bezeichnete die Güte der Verbindung erheblich beeinträchtigen wird. Anzeichen für Ueberhitzung sind nur auf sehr beschränktem Gebiete zu beobachten.

Fig. 140 (Blech 7). Langgestreckte Schlackeneinschlüsse treten nicht zutage. Am unteren Rande ist die Schweißstelle stark überhitzt.

Fig. 141 (Blech 8A). Die ganze Schweißstelle ist von Oxydeinschlüssen durchsetzt. Am oberen Rande (namentlich links) hat Ueberhitzung stattgefunden.

Fig. 142 (Blech 8 D). Schlackeneinschlüsse und Ueberhitzung sind etwas geringer als bei Blech 8 A.

Fig. 143 (Blech 10). Die vorhandenen Schlackeneinschlüsse sind zwar zahlreich, aber klein; Anzeichen für Ueberhitzung fehlen.

Fig. 144 (Blech 11). Die Einschlüsse sind von mäßigem Umfang. Der untere Teil des Ausfüllmaterials ist überhitzt. Bemerkenswert erscheint, daß nahezu parallel zur Abschrägung an den Blechrändern (graugefärbte) Zonen zu beobachten sind. Innerhalb derselben zeigt das Material kleineres Korn als an weiter nach dem vollen Blech zu gelegenen Stellen. Es wird daher anzunehmen sein, daß auf die durch die Graufärbung gekennzeichnete Entfernung lebhaftes Erglühen (etwa bis 900° C[1])) stattgefunden hat. Weniger ausgeprägt ist dieselbe Erscheinung (unter anderer Abgrenzung der Zonen) auch bei den Fig. 139, 143 und 145 (links) zu beobachten. Eine Bedeutung dürfte ihr nur insoweit zukommen, als die ziemlich scharfe Abgrenzung einer bestimmten Erhitzung auf die Entstehung innerer Spannungen von Einfluß sein kann.

Fig. 145 (Blech 12) zeigt reichliche Schlackeneinschlüsse sowie Ueberhitzung am oberen Rande.

Fig. 146 (Blech 14). Bei *a—b*, *c*, *d*, *e—f* sind größere Schlackeneinschlüsse, am oberen Rande links sowie am unteren Rande die Folgen von Ueberhitzung zu beobachten.

Betrachtet man die Querschnitte durch die normal geschweißten Bleche, Fig. 136 bis 146, so ergibt sich, daß mit Ausnahme der Fig. 143 (Blech 10) alle Schweißungen beträchtliche Schlackeneinschlüsse und die meisten überhitzte Stellen aufweisen. Das Querschnittsbild läßt somit eine Beurteilung zu, deren Ergebnisse mit denjenigen der mechanischen Prüfung übereinstimmen, darüber hinaus aber noch erkennen lassen, wodurch das weniger gute Verhalten bedingt ist. Bei der Verwertung der aus Fig. 136 bis 146 zu ziehenden Schlüsse wird zu beachten sein, daß jeweils nur e i n Querschnitt abgebildet ist, die Eigenschaften der Schweißung aber an verschiedenen Stellen nicht dieselben sein werden, und daß die Probestücke jeweils dem A n f a n g der Schweißverbindung entnommen sind.

Fig. 147 (Blech A, mit zuviel Azetylen geschweißt) zeigt dunkles Ausfüllmaterial sowie, namentlich am unteren Rande, die Folgen von stattgehabter Ueberhitzung. Nach Fig. 149, Tafel XI, (Vergrößerung 75fach) besteht das Gefüge fast ganz aus Perlit, das Ausfüllmaterial enthält also viel mehr Kohlenstoff (vergl. Anhang S. 73) als bei allen früheren Blechen. Die Azetylen im Ueberschuß enthaltende Flamme hat somit dem flüssigen oder stark erhitzten Eisen sehr viel Kohlenstoff zugeführt[2]).

Beachtenswert ist ferner die ganz bedeutende Korngröße, die scharfe Trennung der Körner durch eingelagerte (helle) Ferritschichten sowie die eigenartige kammförmige Zeichnung (Fig. 149 rechts oben), welche gleichfalls auf starke Erhitzung und die Vorgänge bei der Kohlung schließen läßt. Unter diesen Umständen ist der körnige Bruch der Zugstäbe aus dem Blech A zu verstehen. Die Schweißung besteht hier nicht mehr aus weichem Eisen, sondern

[1]) Vergl. S. 76 (Anhang).

[2]) Das Gefügebild würde auf einen Kohlenstoffgehalt von rd. 0,8 vH schließen lassen. Da jedoch die Abkühlungsgeschwindigkeit bei den geschweißten Stücken infolge der Wärmeableitung in die benachbarten Blechteile eine verhältnismäßig große ist, und dadurch ein Einfluß auf das Gefüge ausgeübt wird (vergl. Anhang S. 79), so darf der Kohlenstoffgehalt nur nach dem Gefüge eines nochmals ausgeglühten und langsam erkalteten Abschnittes beurteilt werden. Es ergibt sich dann ein e t w a s geringerer Wert.

aus einer Art Werkzeugstahl, der zudem durch starke Erhitzung verdorben ist. Bei Ausführung von Schweißarbeiten wird also stets darauf zu achten sein, daß die Flamme Azetylen nicht im Ueberschuß enthält.

Fig. 148 (Blech O) ist gekennzeichnet durch außerordentlich breite Oxydschichten an den Blechrändern, was dadurch, daß absichtlich mit zuviel Sauerstoff gearbeitet wurde, seine Erklärung findet. Außer starker Ueberhitzung, welche aus Fig. 148 sowie Fig. 150, Tafel XI, (Vergrößerung 75fach) hervorgeht, ist Besonderes nicht zu beobachten, insbesondere erscheint das Ausfüllmaterial nicht verbrannt. Augenscheinlich war die Zeit, während welcher die Berührung des flüssigen Eisens mit dem Sauerstoff stattfand (es mußte sehr schnell gearbeitet werden, um ein Durchbrennen zu verhüten), zu kurz, um die Ausbildung des entsprechenden Gefüges im Innern des Ausfüllmaterials zustandekommen zu lassen (vergl. Anhang S. 77). Ganz Aehnliches war auch zu beobachten bei Tropfen, die beim Schneiden mit dem Schneidbrenner abfielen. Auch hier war die Zeit zu kurz, um das Gefüge des verbrannten Eisens entstehen zu lassen; diejenigen Teile, welche dem Verbrennen ausgesetzt sind, werden weggeblasen oder zu größeren Oxydeinschlüssen verschmolzen. Fig. 148

1		2	3	4	5	6	7
Bezeichnung		Durchmesser d	Querschnitt $\frac{\pi}{4} d^2$	Belastung an der Streckgrenze[1] P_s	$P_s : \frac{\pi}{4} d^2$	Bruchbelastung P_{max}	$P_{max} : \frac{\pi}{4} d^2$
		cm	qcm	kg	kg/qcm	kg	kg/qcm
geprüft im Einlieferungszustand	7	0,30	0,07	225	3214	310	4429
	8	0,31	0,08	230	2875	325	4063
	9	0,41	0,13	530 o. 520 u.	4077 o. 4000 u.	660	5077
	10	0,41	0,13	550 o. 525 u.	4331 o. 4038 u.	665	5115
vor der Prüfung ausgeglüht	11	0,31	0,08	253	3163	363	4538
	12	0,31	0,08	257 o. 255 u.	3213 o. 3188 u.	358	4475
	13	0,41	0,13	464 o. 458 u.	3569 o. 3523 u.	652	5015
	14	0,41	0,13	467 o. 463 u.	3592 o. 3562 u.	665	5115

1		2	3	4	5	6	7	8
Bezeichnung		Stärke a	Breite b	Querschnitt ab	Belastung an der Streckgrenze[1] P_s	$P_s : ab$	Bruchbelastung P_{max}	$P_{max} : ab$
		cm	cm	qcm	kg	kg/qcm	kg	kg/qcm
geprüft im Einlieferungszustand	1	0,27	0,44	0,12	335 o. 330 u.	2792 o. 2750 u.	465	3875
	2	0,27	0,44	0,12	305	2542	420	3500
	3	0,38	0,38	0,14	348 o. 346 u.	2486 o. 2471 u.	490	3500
	4	0,39	0,39	0,15	380 o. 375 u.	2533 o. 2500 u.	520	3467
vor der Prüfung ausgeglüht	5	0,35	0,35	0,12	242 o. 236 u.	2017 o. 1967 u.	378	3150
	6	0,38	0,38	0,14	256 o. 246 u.	1829 o. 1757 u.	444	3171

[1]) Hier sind in der Regel 2 Werte angegeben: obere und untere Streckgrenze (vergl. Zeit-

weist darauf hin, daß ein Ueberschuß von Sauerstoff in der Flamme gleichfalls zu vermeiden ist, weil er die Bildung breiter Oxydschichten bewirkt. Da fast alle untersuchten Schweißungen, auch die normal ausgeführten, Oxydeinschlüsse in zum Teil großer Menge enthalten, wird die häufig zu findende Angabe, beim Schweißen mit richtig zusammengesetzter Flamme sei das Eisen vollkommen vor Oxydation geschützt, als irrig zu bezeichnen sein. Die Bildung von Oxydschichten, welche die Güte der Schweißverbindung beeinträchtigen — sie sind, soweit die Versuchsergebnisse ein Urteil gestatten, geradezu ausschlaggebend derart, daß die Schweißung in der Regel nicht schlecht ist, wenn die Oxydeinschlüsse klein und wenig zahlreich sind —, ist durch sorgfältige Arbeit, indem die entstandenen Oxydteile aus der Fuge weggetrieben werden, zu verhüten. Daß bei sachgemäßer Ausführung befriedigende Ergebnisse sich erzielen lassen, zeigt Blech 10 (vergl. auch die unter C S. 62 u. f. besprochenen Schweißungen, sowie das Marseiller Blech, S. 22 u. f.).

Die Drähte, die bei den vorstehend besprochenen Versuchen als Ausfüllmaterial dienten, sind der Zugprobe unterworfen worden und haben dabei die aus folgender Zusammenstellung ersichtlichen Werte ergeben.

8	9	10	11	12	
Bruchquerschnitt		Bruchdehnung		Querschnittsverminderung	Bemerkungen
d_1	$\frac{\pi}{4} d_1^2$	auf 30 mm		$100 \frac{d^2 - d_1^2}{d^2}$	Bruch erfolgte bei Einteilung der Meßlänge
cm	qcm	mm	vH	vH	
					von 30 mm in 6 gleiche Teile
0,18	0,03	7,8	26,0	57,1	zwischen dem 1. und 2. Teilstrich
0,18	0,03	—	—	62,5	außerhalb der Meßlänge
		auf 40 mm			von 40 mm in 8 gleiche Teile
0,26	0,05	8,3	20,8	61,5	nahe dem 2. Teilstrich
0,26	0,05	8,5	21,3	61,5	zwischen dem 1. und 2. Teilstrich
		auf 30 mm			von 30 mm in 6 gleiche Teile
0,18	0,03	—	—	62,5	außerhalb der Meßlänge
0,18	0,03	8,9	29,7	62,5	zwischen dem 1. und 2. Teilstrich
		auf 40 mm			von 40 mm in 8 gleiche Teile
0,23	0,04	10,9	27,3	69,2	am 2. Teilstrich
0,24	0,05	11,9	29,8	61,5	» 2. »

9	10	11	12	13	14	
Bruchquerschnitt			Bruchdehnung auf 40 mm		Querschnittsverminderung	Bemerkungen
a_1	b_1	$a_1 b_1$			$100 \frac{ab - a_1 b_1}{ab}$	Bruch erfolgte bei Einteilung der Meßlänge
cm	cm	qcm	mm	vH	vH	
						von 40 mm in 8 gleiche Teile
0,17	0,30	0,05	—	—	58,3	außerhalb der Meßlänge
0,14	0,29	0,04	13,6	34,0	66,7	zwischen dem 0. und 1. Teilstrich
0,23	0,22	0,05	13,1	32,8	64,3	» » 0. » 1. »
0,26	0,26	0,07	12,8	32,0	53,3	» » 2. » 3. »
0,20	0,20	0,04	13,1	32,8	66,7	am 2. Teilstrich
0,25	0,25	0,06	12,1	30,3	57,1	» 1. »

schrift des Vereines deutscher Ingenieure 1904 S. 1040 u. f.).

Das Material mit quadratischem Querschnitt besitzt nach dem Ausglühen eine Festigkeit von im Mittel $\frac{3150 + 3171}{2} = 3161$ kg/qcm, ist also sehr weich, während die kreisrunden Drähte im ausgeglühten Zustand noch Festigkeiten von $\frac{5015 + 5115}{2} = 5065$ bezw. $\frac{4538 + 4475}{2} = 4507$ kg/qcm aufweisen.

Untersuchung der mittels des Schneidbrenners geschnittenen Streifen.

Aus Blechen von rd. 10 und 20 mm Dicke wurden Streifen verschiedener Breite geschnitten. Da eine mechanische Brennerführung nicht vorhanden war, fiel der Schnitt nicht geradlinig und eben aus. Der Zugprobe unterworfen wurden 1) Streifen, die auf einer Seite mit dem Schneidbrenner geschnitten, auf der andern Seite durch einen Fräserschnitt abgetrennt waren; sie wurden soweit bearbeitet, daß die Unebenheiten des Brennerschnittes entfielen; 2) Streifen, die unmittelbar neben den unter 1) genannten entnommen, also durch 2 Fräserschnitte begrenzt waren, um die Eigenschaften des durch die Schneidflamme nicht berührten Bleches festzulegen. Die Ergebnisse der mit diesen Streifen durchgeführten Versuche sind in der folgenden Zahlentafel enthalten.

Bei den Stäben 2G und 3H weisen die außen liegenden, auf der einen Seite durch den Schneidbrenner abgetrennten mit . und . . . . bezeichneten Streifen eine etwas höhere Festigkeit auf, als die unmittelbar benachbarten Streifen . . und . . . . Bei den Stäben 3H sind die Dehnungen und Querschnittsverminderungen bei den ersteren etwas geringer. Dabei ist zu beachten, daß die mittels des Schneidbrenners geschnittenen Flächen abgearbeitet werden mußten.

1	2	3	4	5	6	7	8
Bezeichnung	Stärke a	Breite b	Querschnitt ab	Belastung an der Streckgrenze [1]		Bruchbelastung	
				P_s	$P_s : ab$	P_{max}	$P_{max} : ab$
	cm	cm	qcm	kg	kg/qcm	kg	kg/qcm
E.S. 2 G .	1,01	0,57	0,58	1500 o. 1485 u.	2589 o. 2560 u.	2205	3802
2 G . .	1,01	0,57	0,58	1580 o. 1560 u.	2724 o. 2690 u.	2190	3776
2 G . . .	1,01	0,57	0,58	1475 o. 1455 u.	2543 o. 2509 u.	2190	3776
2 G	1,01	0,57	0,58	1600 o. 1580 u.	2759 o. 2724 u.	2235	3853
E.S. 3 H .	2,00	0,59	1,18	3000 o. 2900 u.	2542 o. 2458 u.	4200	3559
3 H . .	2,01	0,56	1,13	2770 o. 2730 u.	2451 o. 2416 u.	3980	3522
3 H . . .	2,00	0,57	1,14	2720 o. 2640 u.	2386 o. 2316 u.	3920	3439
3 H	2,00	0,56	1,12	2790 o. 2760 u.	2491 o. 2464 u.	3950	3527

[1]) Hier sind in der Regel 2 Werte angegeben: obere und untere Streckgrenze (vergl. Zeit-

Andre Streifen wurden gebogen. Diese waren auf beiden Seiten mittels der Schneidflamme abgetrennt (unbearbeitet) und besaßen eine Breite von rd. 5, 10 und 40 mm bei rd. 10 mm Dicke, sowie eine Breite von rd. 15 und 20 mm bei rd. 20 mm Dicke. Von 13 Versuchskörpern brach nur einer und dieser bei einer Biegung um 180° an der Zugseite auf (Breite 5 mm, Dicke 10 mm). Die übrigen 12 ließen sich flach zusammenbiegen, ohne Risse zu zeigen, obwohl, wie erwähnt, die Schnitte sehr uneben ausgefallen waren.

Bei der metallographischen Untersuchung zeigte sich, daß an einzelnen Stellen des Randes das Gefüge verändert war. Wie Fig. 151, Tafel XI, erkennen läßt, ist deutliche Beeinflussung auf die Tiefe *a* eingetreten. Auf diese Erstreckung ist ein eigenartiges, schlecht ausgeprägtes Gefüge zu beobachten. Weiter nach dem Blechinnern hin machen sich die Folgen starker Erhitzung bemerkbar; auf etwa $^1/_2$ bis 1 mm Entfernung vom Rande ist kein Perlit zu beobachten, die Körner sind größer, und einzelne Kristallflächen werden vom Aetzmittel stärker angegriffen (vergl. Anhang S. 75 und Fig. 239, Tafel XVI). Ob dies von Spannungen herrührt, die bei der hohen örtlichen Erhitzung auftreten werden, oder davon, daß der Kohlenstoff des Perlit im Eisen gelöst ist (martensitisches Gefüge, vergl. S. 78), kann nicht entschieden werden, da das Blech sehr kohlenstoffarm ist. An andern Stellen ist die beeinflußte Breite geringer.

Da beim Schneiden ähnliche Verhältnisse vorliegen, wie beim Schweißen mit zuviel Sauerstoff, so wird das S. 50 und 77 Bemerkte zu beachten und zu erwarten sein, daß der Grad der Beeinflussung u. a. auch von der Stetigkeit und Geschwindigkeit der Brennerführung abhängt. Jedenfalls wird es sich trotz der günstigen Ergebnisse der Biegeversuche bis auf weiteres empfehlen, die geschnittenen Ränder soweit zu bearbeiten, daß die betroffene Schicht zuverlässig entfällt.

9	10	11	12	13	14	15	
Bruchquerschnitt			Bruchdehnung auf 80 mm			Querschnittsverminderung $100\,\frac{ab - a_1 b_1}{ab}$	Bemerkungen
a_1	b_1	$a_1 b_1$					Bruch erfolgte bei Einteilung der Meßlänge
cm	cm	qcm	mm	vH		vH	
0,66	0,34	0,22	—	—	1 Seite mittels Schneidbrenners geschnitten	62,1	von 150 mm in 15 gleiche Teile außerhalb der Meßlänge
0,62	0,33	0,20	—	—	0 Seite mittels Schneidbrenners geschnitten	65,5	» » »
0,64	0,34	0,22	30,9	38,6	0 Seite mittels Schneidbrenners geschnitten	62,1	zwischen dem 0. u. 1. Teilstrich
0,62	0,35	0,22	33,7	42,1	1 Seite mittels Schneidbrenners geschnitten	62,1	» » 2. » 3. »
			auf 100 mm				von 100 mm in 10 gleiche Teile
1,33	0,34	0,45	23,1	23,1	1 Seite mittels Schneidbrenners geschnitten	61,9	zwischen dem 2. u. 3. Teilstrich
1,29	0,32	0,41	25,0	25,0	0 Seite mittels Schneidbrenners geschnitten	63,7	» » 3. » 4. »
1,28	0,32	0,41	29,0	29,0	0 Seite mittels Schneidbrenners geschnitten	64,0	» » 4. » 5. »
1,27	0,32	0,41	27,4	27,4	1 Seite mittels Schneidbrenners geschnitten	63,4	» » 3. » 4. »

schrift des Vereines deutscher Ingenieure 1904 S. 1040 u. f.).

B) Bericht über die Schweißarbeiten der Firma B.

Ausgeführt wurden folgende Arbeiten mit Azetylen-Sauerstoffschweißung:

Blech Nr.	Dicke rd. mm	Schweißdraht dick mm	Bemerkungen	Schweißzeit für rd. 10 cm Min.
a) Schweißungen mit Gas aus einem größeren Apparat (Stückkarbid).				
1	8,5	5	—	4
2	9	5	—	5
3	5	4	—	3
4	7	4	von beiden Seiten geschweißt	8
5	7	5	—	5
6	11	5	nicht eingeliefert	9
7	8	8	von beiden Seiten geschweißt	10
8	11,5	8	—	· 7
9	18	8	—	10
10	9	5	—	4
11	24	8	—	14
b) Schweißungen mit Gas aus einem kleineren Apparat für Karbid von 1 bis 3 mm Korngröße.				
12	2	3	gehämmert, Flamme rötlich	4
13	1,5	3	» » »	3
14	3,5	4	—	3
15	5	4	gehämmert	3
16	3	2	gehämmert	2
17	8,5	2	—	6
18	2	2	gehämmert, Flamme anfangs schmutzig gelb, später rötlich	2
19	2	2	gehämmert	2
20	1,5	2	—	2

Außerdem sind noch einige Streifen ohne Bezeichnung eingeliefert, nachträglich eingereiht und durch Beifügung eines Punktes (•) zur Nummer gekennzeichnet worden.

Bei einem Teil der Schweißungen wurde die während des Schweißens an der Schweißstelle herrschende Temperatur mittels eines Wanner-Pyrometers gemessen. Die Ablesungen schwanken zwischen 72 und 80 Graden, entsprechend 1474 bis 1655° C. Mit Rücksicht auf die Schwierigkeit, die verhältnismäßig kleine, am stärksten erhitzte Stelle, die beim Fortschreiten der Schweißung wandert, anzuzielen, erscheinen diese Schwankungen nicht zu groß. Eine Abhängigkeit der Temperatur von der Blechstärke ließ sich nicht feststellen.

Fig. 152 und 153, Tafel XI, zeigen die beiden Seiten der Schweißstelle von Blech 1,
» 154 » 155 » XI, » » » » » » » » 5,
» 156 » 157 » XI, » » » » » » » » 6,
» 158 » 159 » XI, » » » » » » » » 7,
» 160 » 161 » XI, » » » » » » » » 13,
» 162 » 163 » XI, » » » » » » » » 15.

Fig. 153, 155, 161 und 163 lassen erwarten, daß die Verbindung durch Schweißen nicht über die ganze Blechdicke erfolgt ist.

Ein Vergleich der Zeiten, welche zum Schweißen verbraucht worden sind mit den unter A auf S 42 angegebenen, bezogen auf je rd. 10 cm Schweißlänge, ergibt Folgendes:

Schweißung	Blechstärke rd. mm	Nahtlänge rd. cm	Schweißzeit für die ganze Naht	für je 10 cm rd. min.
A 1 und 5	5	40	$1^1/_2$ st	23
A 9	5	40	$^3/_4$ »	11
A 16	6	40	$^1/_2$ »	8
B 3	5	10	3 min	3
B 4	7	10	8 »	8
A 10	10	40	$1^1/_2$ st	23
A 13	10	40	1 »	15
B 6	11	10	9 min	9
B 8	11	10	7 »	7
A 2	15	40	$2^1/_4$ st	35
A 6	15	40	3 »	45
A 12	15	40	2 »	30
A 15	15	40	$^3/_4$ »	11
B 9	18	10	10 min	10
A 7	22	40	$3^3/_4$ st	55
A 14	22	40	3 »	45
B 11	24	10	14 min	14

Bei den Versuchen B ist also, namentlich bei den dickeren Blechen, ganz erheblich schneller geschweißt worden, als bei den Arbeiten der Firma A.

Während der Schweißungen wurde das Gas durch die Anstalt für chemische Untersuchungen an der Kgl. Württ. Zentralstelle für Gewerbe und Handel untersucht.

Der Bericht lautet:

Größerer Apparat (Stückkarbid).

Oberer Heizwert, auf 760 mm Barometerstand und 15° C berechnet,	12 258	WE/cbm
	12 389	»
	12 435	»
	12 377	»
	12 327	»
im mittel	12 357	WE/cbm
Ammoniak	0,055	Vol.-Proz.
Schwefelwasserstoff	0,0038	»
Phosphorwasserstoff	nicht wägbare Spuren	
Kalk (Ca O)	0,039 g	in 100 ltr

Der Sauerstoff enthält 97,8 vH reinen Sauerstoff.

Kleiner Apparat (gekörntes Karbid).

Oberer Heizwert, auf 760 mm Barometerstand und 15° C berechnet,	12 443	WE/cbm
	12 488	»
	12 382	»
im mittel	12 438	WE/cbm
Ammoniak	0,156	Vol.-Proz.
Schwefelwasserstoff	0,0134	»
Phosphorwasserstoff	nicht nachweisbar	
Kalk (Ca O)	0,020 g	in 100 ltr.

Der Sauerstoff enthält 97,9 vH reinen Sauerstoff.

gez.: Dr. Rau.

Ergebnisse der

1	2	3	4	5	6	7	8	9	10	11
Bezeichnung	Stärke a	Breite b	Querschnitt ab	Belastung an der Streckgrenze[1]		Bruchbelastung		Bruchquerschnitt		
				P_s	$P_s : ab$	P_{max}	$P_{max} : ab$	a_1	b_1	$a_1 b_1$
	cm	cm	qcm	kg	kg/qcm	kg	kg/qcm	cm	cm	qcm
						a) Schweißungen mit größe-				
1 B	0,84	2,50	2,10	Streckgrenze nicht ausgeprägt vorhanden		4340	2067	—	—	—
1.B	0,89	2,40	2,14	4780 o. 4620 u.	2234 o. 2159 u.	7050	3294	0,43	1,52	0,65
2 B	0,89	2,40	2,13	4770 o. 4650 u.	2239 o. 2183 u.	6480	3042	—	—	—
3 B	0,50	2,48	1,24	Streckgrenze nicht ausgeprägt vorhanden		3780	3048	—	—	—
4 B	0,68	2,40	1,63	4470 o. 4440 u.	2742 o. 2724 u.	6630	4067	—	—	—
5 B	0,69	2,48	1,71	5040	2947	6465	3781	—	—	—
5.B	0,83	2,41	2,00	5630 o. 5580 u.	2815 o. 2790 u.	6840	3420	—	—	—
6 B	1,13	2,43	2,75	7870 o. 7700 u.	2862 o. 2800 u.	9485	3449	—	—	—
7 B	0,80	2,37	1,90	5185 o. 5050 u.	2729 o. 2658 u.	5730	3016	—	—	—
7.C	1,77	2,41	4,27	9660 o. 9460 u.	2262 o. 2215 u.	10270	2405	—	—	—
8 B	1,15	2,33	2,68	Streckgrenze nicht ausgeprägt vorhanden		6440	2403	—	—	—
9 C	1,77	2,48	4,39	9580 o. 9400 u.	2182 o. 2141 u.	13220	3011	—	—	—
10 B	0,89	2,42	2,15	4900 o. 4720 u.	2279 o. 2195 u.	6525	3035	—	—	—
11 B	2,42	2,43	5,88	Streckgrenze nicht		10910	1855	—	—	—
11 C	2,42	2,43	5,88	ausgeprägt vorhanden		11240	1912	—	—	—
						b) Schweißungen mit kleinerem				
12 B	0,20	2,47	0,49	Streckgrenze nicht		1000	2041	—	—	—
13 B	0,14	2,46	0,34	ausgeprägt vorhanden		1150	3382	0,09	2,28	0,21
14 B	0,34	2,47	0,84	2000 o. 1990 u.	2381 o. 2369 u.	3210	3821	—	—	—
15 B	0,50	2,52	1,26	Streckgrenze nicht ausgeprägt vorhanden		2930	2325	—	—	—
16 B	0,30	2,49	0,75	1490 o. 1480 u.	1987 o. 1973 u.	2300	3067	—	—	—
17 B	0,86	2,42	2,08	Streckgrenze nicht ausgeprägt vorhanden		7190	3424	—	—	—
18 B	0,20	2,50	0,50	1280	2560	1520	3040	0,10	2,24	0,22
19 B	0,20	2,50	0,50	Streckgrenze nicht ausgeprägt vorhanden		1650	3300	0,11	2,23	0,25
20 B	0,13	2,50	0,33	985 o. 980 u.	2985 o. 2970 u.	1375	4167	0,10	2,28	0,23

[1]) Hier sind in der Regel 2 Werte angegeben: obere und untere Streckgrenze (vergl. Zeit-

a) Schweißungen mit dem größeren Apparat (Stückkarbid).

Von den 15 zerrissenen Stäben sind 14 an der Schweißstelle gebrochen. Bei 5 Stäben liegt die erreichte Festigkeit, bezogen auf die Blechdicke, unter 3000 kg/qcm, bei 5 Stäben zwischen 3000 und 3100 kg/qcm. Dabei ist noch zu beachten, daß die Schweißstelle dicker ist als das Blech (vergl. das zu A S. 47 Bemerkte), daß also die Beanspruchung an der ersteren beim Bruch geringer ist, als die angegebenen Werte. Für 12 Stäbe ergaben sich die Bruchdehnungen kleiner als 10 vH (bei 100 mm Meßlänge).

Zugversuche.

12	13	14	15	16	
Bruchdehnung				Querschnitts-verminderung $100 \frac{ab - a_1 b_1}{ab}$	Bemerkungen Bruch erfolgte bei Einteilung der Meßlänge von 200 mm in 20 gleiche Teile
auf 100 mm		auf 200 mm			
mm	vH	mm	vH	vH	
rem Apparat (Stückkarbid).					
1,6	1,6	1,2	0,6	—	an der Schweißstelle, Bruchfläche vergl. Fig. 164, [Tafel XI
30,8	30,8	47,8	23,9	69,5	zwischen dem 2. und 3. Teilstrich
7,5	7,5	16,0	8,0	—	an der Schweißstelle, Bruchflächen vergl. Fig. 165, [Tafel XI
0,9	0,9	1,0	0,5	—	» » » » ähnlich 2 B [Tafel XII
16,6	16,6	21,0	10,5	—	» » » » vergl. Fig. 166,
5,8	5,8	9,1	4,6	—	» » » » grobkörnig m.Fehlstellen
5,1	5,1	9,5	4,8	—	» » » » ähnlich 4 B
5,7	5,7	10,2	5,1	—	» » » » grobkörnig
3,1	3,1	6,9	3,5	—	» » » » ähnlich 2 B
1,2	1,2	4,0	2,0	—	» » » » grobkörnig, in der Mitte Fehlstellen
1,5	1,5	1,3	0,7	—	» » » » vergl. Fig. 167, [Tafel XII
4,7	4,7	8,2	4,1	—	» » » » ähnlich 8 B
10,5	10,5	18,3	9,2	—	» » » » halb 4 B, halb 2 B
rd. 0	0	rd. 0	0	—	» » » » ähnlich 8 B
» 0	0	» 0	0	—	» » » » » 8 B
Apparat (gekörntes Karbid).					
0,3	0,3	0,3	0,2	—	an der Schweißstelle, halbe Blechdicke verschweißt
19,0	19,0	32,5	16,3	38,2	am 7. Teilstrich
8,8	8,8	20,0	10,0	—	an der Schweißstelle, Bruchflächen ähnlich 2 B
1,8	1,8	3,0	1,5	—	» » » » » 2 B
8,3	8,3	19,3	9,7	—	» » » » » 1 B
4,3	4,3	5,4	2,7	—	» » » » » 2 B
14,5	14,5	22,3	11,2	56,0	zwischen dem 7. und 8. Teilstrich
—	—	—	—	50,0	außerhalb der Meßlänge
15,9	15,9	34,0	17,0	30,3	am 2. Teilstrich

schrift des Vereines deutscher Ingenieure 1904 S. 1040 u. f.).

b) Schweißungen mit dem kleineren Apparat (gekörntes Karbid).

Von den 9 zerrissenen Stäben sind 5 an der Schweißstelle gebrochen. Dabei handelt es sich um dünne Bleche. Das Material derselben scheint ziemlich ungleichartig und besitzt z. T. sehr geringe Festigkeit (Stäbe 13, 18, 19 B: 3382, 3040, 3300 kg/qcm).

Ergebnisse der Biegeversuche.

Die gebogenen Stäbe sind in Fig. 168 bis 171, Tafel XII, dargestellt und zwar:

Stab	1 C	in Fig. 168,	Stab	1.C	in Fig. 170,	Stab	2 C	in Fig. 171,
»	3 C	» » 171,	»	4 G	» » 170,	»	5 C	» » 168,
»	5.C	» » 168,	»	6 C	» » 169,	»	7 C	» » 168,
»	7.B	» » 169,	»	8 C	» » 169,	»	9 B	» » 169,
»	10 C	» » 170,	»	13 C	» » 171,	»	14 C	» » 171,
»	15 C	» » 171,	»	17 C	» » 170,	»	18 C	» » 171,
»	19 C	» » 171,	»	20 C	» » 171.			

Die Stäbe 1.C, 4 G, 18 C, 19 C, 20 C haben sich flach zusammenbiegen lassen und dabei nur Anrisse gezeigt. Einen Biegewinkel von 180° haben beim Bruch erlangt die Stäbe 5 C, 7 C, 13 C, 14 C, 15 C. Die übrigen Streifen sind nach verhältnismäßig geringer Biegung gebrochen; insbesondre ist dies der Fall für die Stäbe 1 C, 2 C, 5 C, 7.B, 9 B und 10 C. Aus Stück 11 wurden Biegestäbe nicht herausgearbeitet, weil sich dasselbe beim Zugversuch sehr ungünstig verhalten hatte.

Metallographische Untersuchung.

Geätzte Querschnitte durch die Schweißungen (Abschnitte A) der Streifen 1, 1., 2, 3, 4, 5, 5., 6, 7, 7., 8, 9, 10, 11, 12, 13, 14, 15, 16, 17, 18, 19 und 20 sind in den Fig. 172 bis 190, Tafel XII, wiedergegeben.

Stück 1 A, Fig. 172 (Dicke rd 8 mm). Am unteren Rande ist ein etwa 1 mm tief reichender Oxydeinschluß zu beobachten. Bei *a—b* zeigen sich unter dem Mikroskop sehr zahlreiche feine Risse, vergl. Fig. 191, Tafel XIII, (Vergrößerung 75 fach). Diese sind auch sonst im Ausfüllmaterial in sehr großer Anzahl zu beobachten. Die Blechränder zeigen starke Ueberhitzung.

Stück 1.A, Fig. 173 (Dicke rd. 9 mm). Größere Oxydeinschlüsse sind nicht zu beobachten. Das Blech enthält stellenweise bis 14 mm lange Schlackenadern.

Stück 2 A Fig. 174 (Dicke rd. 9 mm). Am unteren Rande sind Spalten und Oxydeinschlüsse vorhanden, welche die Güte der Schweißung namentlich bei Biegung beeinträchtigen werden.

Stück 3 A, Fig. 175 (Dicke rd. 5 mm). Das Ausfüllmaterial erscheint stark überhitzt.

Stück 4 A, Fig. 176 (Dicke rd. 7 mm). Blech und Ausfüllmaterial enthalten sehr viele feine Schlackeneinschlüsse, das Füllmaterial ist stellenweise ziemlich grobkörnig.

Stück 5 A, Fig. 177 (Dicke rd. 7 mm). Blech und Ausfüllmaterial erscheinen sehr stark verunreinigt, wie die dunkle Mittelschicht der Fig. 177 anzeigt. Das Ausfüllmaterial sowie die dunklen Schichten im Blech nahe der Schweißung enthalten fast überall den eigenartigen Gefügebestandteil Fig. 192, Tafel XIII, (Vergrößerung 75 fach) der an Fig. 63, 65 und 66, Tafel V, erinnert. Das zu letzteren Bemerkte dürfte durch Fig. 177, 192 und 193 bekräftigt werden.

Stück 5.A, Fig. 178 (Dicke rd. 8 mm). Die dunklen Schichten im Blech sind hier so zahlreich, daß man fast glauben könnte, das Material sei Schweißeisen. Dies ist jedoch nicht der Fall. Das Flußeisen ist ziemlich kohlenstoffreich. Die Blechränder sind, namentlich in der Mitte, stark überhitzt, wie Fig. 194 und 195, Tafel XIII (Vergrößerung 75 fach) zeigen. Fig. 196 Tafel XIII, (Vergrößerung 75 fach) gibt das Gefüge des Bleches fern von der Schweißung wieder.

Stück 6 A, Fig. 179 (Dicke rd. 11 mm). Bei *a—b* ist ein langer Einschluß, bei *c* ein solcher von geringer Ausdehnung vorhanden.

Stück 7 A, Fig. 180 (Dicke rd. 8 mm). Am unteren Rand sind die Bleche auf rd. 2 mm nicht verschweißt. Ihre Ränder sind stark überhitzt.

Stück 7.A, Fig. 181 (Dicke rd. 18 mm). Im mittleren Drittel sind die Blechränder mit dem Ausfüllmaterial nicht verbunden. Die Blechränder sind stark überhitzt.

Stück 8 A, Fig. 182 (Dicke rd. 11,5 mm). Fig. 182 zeigt, daß die Verbindung äußerst mangelhaft ist.

Stück 9 A, Fig. 183 (Dicke rd. 18 mm). Bei *a—b* ist ein langgestreckter Oxydeinschluß vorhanden. Das Ausfüllmaterial ist, namentlich auf der unteren Hälfte, von kleinen Einschlüssen durchzogen. Die Ränder der verbundenen Bleche sind überhitzt.

Stück 10 A, Fig. 184 (Dicke rd. 9 mm). Die Ränder der Bleche sind auf der unteren Seite etwa 2 mm weit durch Oxydschichten von dem Ausfüllmaterial getrennt.

Stück 11 A, Fig. 185 (Dicke rd. 24 mm). In der Mitte bei *a* sowie am oberen Rande bei *b—c—d* sind langgestreckte Einschlüsse vorhanden, welche die Schweißung als minderwertig erscheinen lassen.

Stück 12 A, Fig. 190 (Dicke rd. 2 mm), zeigt einen Einschluß zwischen den Blechrändern auf der Rückseite der Schweißung, der etwa ¹/₃ der Blechdicke beträgt. Die Schweißstelle ist etwas schwächer als die verbundenen Bleche.

Stück 13 A, Fig. 190 (Dicke rd. 1,3 mm). Die Schweißung zeigt nichts Außergewöhnliches.

Stück 14 A, Fig. 186 (Dicke rd. 3,5 mm). Außer einer Pore nahe dem unteren Rande sowie leichter Ueberhitzung der Blechränder zeigt die Schweißung nichts Besonderes.

Stück 15 A, Fig. 187 (Dicke rd. 5 mm). Die Bleche sind am unteren Rande auf nahezu die halbe Dicke nicht verbunden. Das Ausfüllmaterial ist von Einschlüssen durchsetzt.

Stück 16 A, Fig. 188 (Dicke rd. 3 mm). Einzelne Stellen sind überhitzt.

Stück 17 A, Fig. 189 (Dicke rd. 8,5 mm). Am unteren Rande sind Einschlüsse zu beobachten. Die Schweißstelle enthält solche von geringer Größe in sehr großer Anzahl.

Stück 18 A, Fig. 190 (Dicke rd. 1,7 mm). Wie Stück 13 A. Die Schweißstelle ist etwas schwächer als das Blech.

Stück 19 A, Fig. 190 (Dicke rd. 2 mm). Wie Stück 13 A. Die Bleche sind gegeneinander versetzt.

Stück 20 A, Fig. 190 (Dicke 1,3 mm). Wie Stück 13 A. Die Schweißstelle ist etwas schwächer als das Blech.

Bei der Verwertung der vorstehend mitgeteilten Beobachtungen zur Beurteilung der Güte der Schweißungen und beim Vergleich der aus ihnen gezogenen Schlüsse mit den Ergebnissen der mechanischen Prüfung ist im Auge zu behalten, daß hier jeweils nur ein Querschnitt (in geringer Entfernung vom Rande der verbundenen Streifen) abgebildet ist, die Güte der Schweißung aber an verschiedenen Teilen der Fuge nicht dieselbe zu sein braucht.

Der zu den Arbeiten verwendete Schweißdraht ergab die aus der folgenden Zusammenstellung ersichtlichen Festigkeitszahlen.

1	2	3	4	5	6	7
Bezeichnung	Durchmesser d	Querschnitt $\frac{\pi}{4} d^2$	Belastung an der Streckgrenze P_s	$P_s : \frac{\pi}{4} d^2$	Bruchbelastung P_{max}	$P_{max} : \frac{\pi}{4} d^2$
	cm	qcm	kg	kg/qcm	kg	kg/qcm
geprüft im Einlieferungszustand	0,2	0,03	—	—	274	9133
	0,2	0,03	—	—	272	9067
	0,4	0,13	—	—	575	4423
	0,4	0,13	468	3600	562	4323
	0,6	0,28	1090 1070	3893 3821	1350	4821
	0,6	0,28	1110 1090	3964 3893	1360	4857
	0,8	0,50	1470 1420	2940 2840	2010	4020
	0,8	0,50	1460 1420	2920 2840	2000	4000
vor der Prüfung ausgeglüht	0,2	0,03	102	3400	144	4800
	0,2	0,03	100	3333	144	4800
	0,4	0,13	380	2923	556	4277
	0,4	0,13	384	2954	574	4415
	0,6	0,28	950 900	3393 3214	1280	4571
	0,6	0,28	925 890	3304 3179	1275	4554
	0,8	0,50	1440 1395	2880 2790	1965	3930
	0,8	0,50	1390 1370	2780 2740	1945	3890

8	9	10	11	12	13	14	
Bruchquerschnitt		Bruchdehnung				Querschnittsverminderung	Bemerkungen
d_1	$\frac{\pi}{4} d_1^2$	auf 100 mm		auf 50 mm		$100 \frac{d^2 - d_1^2}{d^2}$	Bruch erfolgte bei Einteilung der Meßlänge von 100 mm in 10 gleiche Teile
cm	qcm	mm	vH	mm	vH	vH	
0,16	0,02	—	—	—	—	33,3	außerhalb der Meßstrecke
0,17	0,02	—	—	—	—	33,3	» » »
0,25	0,05	—	—	—	—	61,5	» » »
0,25	0,05	—	—	—	—	61,5	» » »
0,37	0,11	16,0	16,0	10,0	20,0	60,7	zwischen dem 3. und 4. Teilstrich
0,38	0,11	15,0	15,0	10,0	20,0	60,7	am 2. Teilstrich
0,46	0,17	—	—	—	—	66,0	außerhalb der Meßstrecke
0,48	0,18	19,3	19,3	13,2	26,4	64,0	zwischen dem 4. und 5. Teilstrich
		auf 80 mm					
0,12	0,01	14,0	17,5	10,0	20,0	66,6	» » 3. » 4. »
0,12	0,01	11,8	14,8	8,0	16,0	66,6	» » 3. » 4. »
0,25	0,05	13,2	16,5	10,0	20,0	61,5	» » 4. » 5. »
0,25	0,05	—	—	—	—	61,5	außerhalb der Meßstrecke
		auf 100 mm					
0,36	0,10	25,8	25,8	14,2	28,4	64,3	zwischen dem 2. und 3. Teilstrich
0,37	0,11	25,2	25,2	14,0	28,0	60,7	» » 1. » 2. »
0,40	0,13	30,0	30,0	19,2	38,4	74,0	» » 2. » 3. »
0,41	0,13	25,0	25,0	16,2	32,4	74,0	» » 4. » 5. »

C) Ergebnisse der Untersuchung der von der Firma C eingelieferten Blechplatten.

Die Bleche sind nach Angabe mit Azetylen und Sauerstoff von beiden Seiten her geschweißt und gehämmert sowie nach dem Schweißen nochmals

Ergebnisse der

1	2	3	4	5	6	7	8
Bezeichnung	Stärke a	Breite b	Querschnitt ab	Belastung an der Streckgrenze[1]		Bruchbelastung	
				P_s	$P_s : ab$	P_{max}	$P_{max} : ab$
	cm	cm	qcm	kg	kg/qcm	kg	kg/qcm
1 B	0,55	2,50	1,38	3220 o. 3160 u.	2333 o. 2290 u.	4940	3580
1 C	0,55	2,50	1,38	3310 o. 3260 u.	2399 o. 2362 u.	4950	3587
				Durchschnitt	2366 o. 2326 u.		3584
2 B	1,10	2,52	2,77	6640 o. 6480 u.	2397 o. 2339 u.	10360	3740
2 C	1,11	2,51	2,79	6640 o. 6600 u.	2380 o. 2366 u.	10370	3717
				Durchschnitt	2389 o. 2352 u.		3729
3 B	1,53	2,50	3,83	9530 o. 9280 u.	2488 o. 2423 u.	14020	3661
3 C	1,54	2,50	3,85	8750 o. 8400 u	2273 o. 2182 u.	13790	3582
				Durchschnitt	2381 o. 2303 u.		3622
4 B	1,68	2,50	4,20	9630 o. 9260 u.	2293 o. 2205 u.	14370	3421
4 C	1,68	2,50	4,20	10040 o. 9720 u.	2390 o. 2314 u.	14430	3436
				Durchschnitt	2342 o. 2260 u.		3429
5 B	1,99	3,00	5,97	14250 o. 13980 u.	2387 o. 2342 u.	20900	3501
5 C	1,99	3,00	5,97	14300 o. 14040 u.	2395 o. 2352 u.	20760	3477
				Durchschnitt	2391 o. 2347 u.		3489
6 B	2,23	3,00	6,69	15520 o. 15470 u.	2320 o. 2312 u.	24930	3726
6 C	2,24	3,01	6,74	15660 o. 15600 u.	2323 o. 2315 u.	24840	3685
				Durchschnitt	2322 o. 2314 n.		3706
7 B	2,48	3,00	7,44	17260 o. 16840 u.	2320 o. 2263 u.	27100	3642
7 C	2,49	3 00	7,47	18100 o. 17920 u.	2423 o. 2399 u.	26920	3604
				Durchschnitt	2372 o. 2331 u.		3623

[1]) Für die Streckgrenze sind 2 Werte angegeben: obere und untere Streckgrenze (vergl.

ausgeglüht. Die Oberfläche der Schweißstelle ist glatt, die Dicke der letzteren jedoch größer als die Blechstärke. Die Bleche sind nach Angabe denselben Tafeln entnommen, welche bei den unter A, S. 42, als I bezeichneten Schweißungen Verwendung fanden.

Ergebnisse der Zugversuche.

Der Bruch erfolgte bei sämtlichen 14 Stäben außerhalb der Schweißstelle. Die Werte der Bruchdehnung sind zum Teil geringer, als sie

Zugversuche.

9	10	11	12	13	14	15	16	
Bruchquerschnitt			Bruchdehnung				Querschnitts-verminderung $100 \frac{ab - a_1 b_1}{ab}$	Bemerkungen
			auf 100 mm		auf 200 mm			Bruch erfolgte bei Einteilung der Meßlänge von 200 mm in 20 gleiche Teile
a_1 cm	b_1 cm	$a_1 b_1$ qcm	mm	vH	mm	vH	vH	
0,30	1,69	0,51	—	—	—	—	63,0	außerhalb der Meßlänge
0,30	1,54	0,46	—	—	—	—	66,7	» » »
							64,9	
0,62	1,65	1,02	31,4	31,4	49,1	24,6	63,2	zwischen dem 3. und 4. Teilstrich
0,59	1,66	0,98	31,0	31,0	47,7	23,9	64,9	» » 2. » 3. »
				31,2		24,3	64,1	
0,84	1,58	1,33	—	—	—	—	65,3	außerhalb der Meßlänge
0,91	1,63	1,48	30,0	30,0	46,0	23,0	61,6	zwischen dem 3. und 4. Teilstrich
				30,0		23,0	63,5	
0,90	1,53	1,38	—	—	—	—	67,1	außerhalb der Meßlänge
0,91	1,48	1,35	41,8	41,8	60,7	30,4	67,9	zwischen dem 3. und 4. Teilstrich
				41,8		30,4	67,5	
1,14	1,90	2,17	34,1	34,1	49,5	24,8	63,7	» » 3. » 4. »
1,17	1,98	2,32	36,0	36,0	53,0	26,5	61,1	» » 2 » 3. »
				35,1		25,7	62,4	
1,38	2,00	2,76	37,2	37,2	58,6	29,3	58,7	» » 2. » 3. »
1,34	1,96	2,63	33,0	33,0	54,8	27,4	61,0.	» » 2. » 3. »
				35,1		28,4	59,9	
1,61	2,09	3,36	—	—	—	—	54,8	außerhalb der Meßlänge
1,65	2,12	3,50	—	—	—	—	53,1	» » »
							54,0	

Zeitschrift des Vereines deutscher Ingenieure 1904 S. 1040 u. f.)

sich bei Stäben ohne Schweißstelle ergeben haben würden, weil die verdickte Verbindungsstelle an der Verlängerung weniger teilnimmt (vergl. Fußbemerkung 1 S. 26).

Ergebnisse der Biegeversuche.

Die Stäbe 1 F und G ließen sich flach zusammendrücken, ohne Risse zu zeigen. Bei den Streifen 2 D und F traten beim völligen Zusammenbiegen an der Innenseite, also an einer Stelle, die bei Beginn der Biegung auf Druck und nach Anliegen der Schenkelenden auf Zug beansprucht war, leichte Anbrüche ein. Dasselbe war bei den Stäben 3 E und F zu beobachten (vergl. Fig. 197 Tafel XIII), 3 E riß außerdem an der Zugseite auf. Die Stäbe 4 E und G verhielten sich wie die Streifen 3 E und F, an der Außenseite waren jedoch keine Anbrüche vorhanden (vergl. Fig. 198, Tafel XIII). Stab 5 F ist bei Erreichung eines Biegewinkels von rd. 90° ganz durchgebrochen. Bei 5 G (vergl. Fig. 197) traten außen nur geringe Anrisse, ebensolche an der Innenseite ein. Die Streifen 6 F und G zeigten Anrisse an der Innenseite (vergl. Fig. 198), ebenso die Streifen 7 F und G in weniger ausgeprägtem Maße.

Der Umstand, daß fast sämtliche Streifen an der Innenseite einrissen, was darauf hindeutet, daß die Schweißstelle gegen Beanspruchungen, die ihre Richtung wechseln, empfindlich ist, gab Veranlassung, eine weitere Prüfung vorzunehmen. Bei dieser wurde jeder Stab um 90° gebogen, hierauf gerade gedrückt und in umgekehrter Richtung gebogen, bis die Schenkel wieder einen Winkel von 90° bildeten; hierauf erfolgte Geraderichten, Rückwärtsbiegen usw., bis deutlicher Bruch eintrat. Hin- und Zurückbiegen zusammen wurden als eine Biegung gerechnet.

Die Ergebnisse dieser Versuche sind im folgenden zusammengestellt.

Stäbe aus Blech 1 (Stärke rd. 5,5 mm)

ohne Schweißung	Stab D:	Bruch	erfolgte	beim	10.	Zurückbiegen
	» E:	»	»	»	11.	Vorwärtsbiegen
mit Schweißung	» D:	»	»	»	16.	»
	» E:	»	»	»	9.	»

Stäbe aus Blech 2 (Stärke rd. 11 mm)

ohne Schweißung	Stab E:	Bruch	erfolgte	beim	5.	Vorwärtsbiegen
	» G:	»	»	»	5.	Zurückbiegen
mit Schweißung	» E:	»	»	»	4.	Vorwärtsbiegen
	» G:	»	»	»	3.	»

Stäbe aus Blech 3 (Stärke rd. 15,5 mm)

ohne Schweißung	Stab D:	Bruch	erfolgte	beim	3.	Zurückbiegen
	» G:	»	»	»	4.	Vorwärtsbiegen
mit Schweißung	» D:	»	»	»	1.	Zurückbiegen
	» G:	»	»	»	2.	Vorwärtsbiegen

Stäbe aus Blech 4 (Stärke rd. 16,8 mm)

ohne Schweißung	Stab D:	Bruch	erfolgte	beim	4.	Vorwärtsbiegen
	» F:	»	»	»	4.	»
mit Schweißung	» D:	»	»	»	1.	Zurückbiegen
	» F:	»	»	»	2.	»

Stäbe aus Blech 5 (Stärke rd. 19,9 mm)

ohne Schweißung	Stab E:	Bruch erfolgte beim	2.	Vorwärtsbiegen
	» F:	» » »	2.	»
mit Schweißung	» D:	» » »	1.	Zurückbiegen
	» E:	» » »	1.	»
				(vergl. Fig. 199, Tafel XIII).

Stäbe aus Blech 6 (Stärke rd. 22,4 mm)

ohne Schweißung	Stab D:	Bruch erfolgte beim	3.	Vorwärtsbiegen
	» E:	» » »	2.	»
mit Schweißung	» D:	» » »	1.	Zurückbiegen
	» E:	» » »	1.	»

Stäbe aus Blech 7 (Stärke rd. 25,0 mm)

ohne Schweißung	Stab D:	Bruch erfolgte beim	1.	Zurückbiegen
	» E:	» » »	2.	Vorwärtsbiegen
mit Schweißung	» D:	» » »	1.	Zurückbiegen (vergl. Fig. 199)
	» E:	» » »	1.	Zurückbiegen.

Deutlich zeigt sich der Einfluß der Dicke auf die erreichte Biegungszahl sowie, daß die geschweißten Stäbe (mit alleiniger Ausnahme des Streifens 1 D) früher brachen, als die nicht geschweißten. Ein Teil der ersteren ist schon beim ersten Zurückbiegen gebrochen. Auch diese verhältnismäßig sehr guten Schweißungen sind also entschieden weniger zäh, als das Blech an sich im ursprünglichen Zustande.

Metallographische Untersuchung.

Blech 1, Fig. 200, Tafel XIII. Das Ausfüllmaterial hebt sich nur sehr wenig von den verbundenen Blechen ab. Oxydeinschlüsse sind nicht zu beobachten. Das Gefüge ist das des weichen Flußeisens.

Blech 2, Fig. 201, Tafel XIII. Am unteren Rande sind an den abgeschrägten Blechenden auf kurze Erstreckung feine Einschlüsse sowie Stellen zu beobachten, an denen beim Einschmelzen Kohlung stattgefunden hat (vergl. das S. 49 zu Fig. 149 Bemerkte).

Blech 3, Fig. 202, Tafel XIII. Wie Blech 1, Fig. 200.

Blech 4, Fig. 203, Tafel XIII. Das Kleingefüge zeigt stellenweise kleine Risse und Einschlüsse.

Blech 5, Fig. 204, Tafel XIII. Wie Blech 4; die Einschlüsse besitzen größere Länge, sie treten auch an den abgeschrägten Blechrändern auf.

Blech 6, Fig. 205, Tafel XIII. Das Ausfüllmaterial ist am oberen Rande stark überhitzt.

Blech 7, Fig. 206, Tafel XIII. Das Ausfüllmaterial zeigt kleine Oxydeinschlüsse.

Betrachtet man die Fig. 200 bis 206, so macht Fig. 204 einen weniger günstigen Eindruck als die übrigen. Dies entspricht auch den Ergebnissen der Biegeprobe. Letztere sowie die metallographische Untersuchung liefern also auch hier übereinstimmende Ergebnisse. Beim Zugversuch hatte sich ein Unterschied bei den verschiedenen Tafeln nicht gezeigt.

Die Prüfung der Stäbe aus den Blechen C scheint insofern besonderes Interesse zu besitzen, als sie zeigt, daß es möglich ist, mittels der autogenen Schweißung befriedigende Ergebnisse zu erzielen, ein Urteil, das bei sehr wenigen der bisher untersuchten autogenen Schweißungen zulässig sein dürfte.

D) Ergebnisse der Untersuchung von 12 Stäben, eingeliefert vom Dampfkesselüberwachungsverein D.

Die Stäbe besaßen eine Breite von rd. 30 mm und eine Länge von rd. 200 mm. Sie waren mit den Nummern 1 bis 12 bezeichnet. Nach Angabe bestehen Nr. 1 bis 8 aus Siemens-Martin-Feuerblech, Nr. 9 bis 12 aus Mantelblech˙ Die Blechdicke betrug bei einem Teil der Streifen rd. 19, bei den übrigen rd. 13 mm.

Die Stäbe wurden der Breite nach durch Fräsen halbiert; die Hälften dienten zu Zug- und Biegeversuchen sowie zur metallographisehen Untersuchung.

Ergebnisse der

1	2	3	4	5	6	7	8
Bezeichnung	Stärke a	Breite b	Querschnitt ab	Belastung an der Streckgrenze[1]		Bruchbelastung	
				P_s	$P_s : ab$	P_{max}	$P_{max} : ab$
	cm	cm	qcm	kg	kg/qcm	kg	kg/qcm
					1) Stäbe, nach Angabe bestehend		
1	1,93	1,27	2,45	6350 o. 6300 u.	2592 o. 2571 u.	8800	3592
1.	1,95	1,27	2,48	6350 o. 6250 u.	2560 o. 2520 u.	8830	3560
3	1,29	1,67	2,15	5900	2744	8410	3912
5	1,27	1,62	2,06	Streckgrenze nicht ausgeprägt vorhanden		8430	4092
6	1,94	1,26	2,44	6200	2541	8770	3594
6.	1,95	1,25	2,44	Streckgrenze nicht ausge-		8620	3533
7	1,28	1,63	2,09	prägt vorhanden		8000	3828
					2) Stäbe, nach Angabe		
11	1,96	0,88	1,72	4430 o. 4340 u.	2576 o. 2523 u.	7530	4378
11.	1,98	0,88	1,74	4360 o. 4250 u.	2506 o. 2443 u.	7230	4155
12	1,97	0,87	1,71	4430	2591	7500	4386
12.	1,97	0,86	1,69	4760 o. 4690 u.	2817 o. 2775 u.	6960	4118

[1]) Für die Streckgrenze sind in der Regel 2 Werte angegeben: obere und untere Streck-

[2]) Die Prüfung ergab, daß Stab 3, 5 und 7 aus Schweißeisen bestehen (s. Text Zeile 3 von oben).

Die Bruchflächen der Stäbe 5 und 7 zeigen die für Schweißeisen kennzeichnende Schichtung. Auch Stab 3 besteht aus Schweißeisen. Die Stäbe 1, 1., 6, 6., 11, 11., 12 und 12. bestehen aus Flußeisen.

Von den 8 Stäben, welche geschweißt waren, sind 3 an der Schweißstelle gebrochen, einer ist daselbst angerissen.

Ergebnisse der Biegeversuche.

Die gebogenen Stäbe sind in Fig. 207, Tafel XIII, wiedergegeben; die geschweißten Streifen sind sämtlich aufgebrochen.

Metallographische Untersuchung.

Geätzte Querschnitte durch die Schweißstellen der Stäbe 2, 8 und 12 sind in den Fig. 208, 209 und 210, Tafel XIV, wiedergegeben. Stab 2, Fig. 208 (Vergrößerung 1,5 fach), ist insbesondere in der Mitte überhitzt. Die Schweißstelle zeigt bei der Betrachtung unter dem Mikroskop sehr zahlreiche zum Teil fein verteilte Einschlüsse, namentlich auch an den Rändern des Ausfüllmaterials. Stab 8, Fig. 209, bestehtaus Schweißeisen. Das Ausfüllmaterial ist stellenweise stark überhitzt. An dem auf Fig. 209 dunkel erscheinenden Teil desselben ist das eigenartige Kleingefüge der Fig. 211, Tafel XIV, (Vergrößerung 75fach) zu beobachten. Stab 12, Fig. 210 zeigt sehr zahlreiche feine Risse im Gefüge, namentlich in der oberen Hälfte. Die auf Fig. 210 dunkel erscheinende Linie *a—b* enthält solche sowie gruppenweise auftretende Einschlüsse in besonders großer Zahl, vergl. Fig. 212, Tafel XIV, (Vergrößerung 75fach).

Zugversuche.

9	10	11	12	13	14	
Bruchquerschnitt			Bruchdehnung auf 100 mm		Querschnittsverminderung $100\,\frac{ab - a_1 b_1}{ab}$	Bemerkungen Bruch erfolgte bei Einteilung der Meßlänge von 100 mm in 10 gleiche Teile
a_1 cm	b_1 cm	$a_1 b_1$ qcm	mm	vH	vH	
aus Siemens-Martin-Feuerblech[2]).						
1,20	0,75	0,90	26,7	26,7	63,3	zwischen dem 1. und 2. Teilstrich
1,21	0,75	0,91	26,2	26,2	63,3	» » 1. » 2. »
—	—	—	13,7	13,7	—	an der Schweißstelle, Bruchflächen grobkörnig
1,05	1,37	1,44	13,7	13,7	30,1	zwischen dem 0. und 1. Teilstrich } Stab ist nicht geschweißt
1,25	0,80	1,00	31,1	31,1	59,0	» » 4 » 5. » } Stab ist nicht geschweißt
1,26	0,80	1,01	30,9	30,9	58,6	» » 4. » 5. » } Stab ist nicht geschweißt
1,00	1,33	1,33	17,3	17,3	36,4	» » 0. » 1. » , Schweißstelle aufgerissen
bestehend aus Mantelblech.						
1,40	0,62	0,87	32,0	32,0	49,4	zwischen dem 3. und 4. Teilstrich
1,44	0,66	0,95	29,0	29,0	15,4	am 3. Teilstrich
—	—	—	13,0	13,0	—	an der Schweißstelle
—	—	—	9,4	9,4	—	» » »

grenze (vergl. Zeitschrift des Vereines deutscher Ingenieure 1904 S. 1040 u. f.).

E) Ergebnisse der Untersuchung von 2 Blechtafeln E 1 und E 2, nach Angabe mit Wassergas unter dem Dampfhammer überlappt geschweißt.

Die Wassergasschweißung ist bekanntlich eine Abart der gewöhnlichen Feuerschweißung, bei der die Erhitzung des Eisens durch eine Gasflamme von großen Abmessungen solange erfolgt, bis das Eisen in teigigen Zustand gelangt. Die Vereinigung der beiden überlappten Bleche erfolgt dann, wie bei der Feuerschweißung, durch Schlag (oder Druck), also unter Aufwendung mechanischer Arbeit. Ausfüllmaterial wird nicht angewendet; das Eisen wird nicht flüssig.

Wie auf S. 41 angegeben, stammt Stück E 1 von der Längsnaht, Stück E 2 von der Rundnaht eines Zylinders. Bei Blech E 1 mußten daher die quer zur

Ergebnisse der

1		2	3	4	5	6	7	8	9
Bezeichnung		Stärke a	Breite b	Querschnitt ab	prismatische Länge vom Querschnitt ab	Belastung an der Streckgrenze [1]		Bruchbelastung	
						P_s	$P_s : ab$	P_{max}	$P_{max} : ab$
		cm	cm	qcm	cm	kg	kg/qcm	kg	kg/qcm
Stäbe ohne Schweißstelle	E_1 B	2,16	2,99	6,46	20,0	15 320 15 150	2372 2345	24 300	3762
	E_1 C	2,16	3,00	6,48	20,0	15 300	2361	24 350	3758
						Durchschnitt	2367 2353		3760
Stäbe mit Schweißstelle	E_1 B	2,20	2,99	6,58	20,0	15 200 14 760	2310 2243	24 825	3773
	E_1 C	2,14	3,00	6,42	20,0	Streckgrenze nicht ausgeprägt vorhanden		23 550	3668
						Durchschnitt	—		3721
Stäbe ohne Schweißstelle	E_2 B	2,01	3,00	6,03	20,0	15 300 14 580	2537 2418	22 400	3721
	E_2 C	2,01	2,95	5,93	20,0	15 900 14 960	2681 2523	22 200	3744
						Durchschnitt	2659 2476		3733
Stäbe mit Schweißstelle	E_2 B	2,09	3,00	6,27	20,0	13 670 13 550	2180 2161	22 290	3555
	E_2 C	1,97	2,99	5,89	20,0	14 400 13 460	2445 2285	20 650	3506
						Durchschnitt	2263 2273		3531

[1]) Für die Streckgrenze sind in der Regel 2 Werte angegeben: obere und untere Streck-
Fällen, in welchen nur 1 Wert zu beobachten war.

Schweißung entnommenen Stäbe geradegerichtet werden. Dies erfolgte vorsichtig im kalten Zustand unter der hydraulischen Presse.

Ergebnisse der Zugversuche.

Von den 4 Stäben mit Schweißstelle sind 2 an derselben gerissen. Von diesen besitzt der der Längsnaht E 1 entnommene körniges Bruchgefüge, wie Fig. 213, Tafel XIV, zeigt, Stab E 2 C dagegen weist sehniges Gefüge und Trichterbildung auf, wie sie dem weichen zähen Flußeisen eigentümlich sind. Daß der Bruch bei Stab E 2 C durch die Schweißung erfolgte, scheint durch das mit der letzteren verbundene kräftige Ausglühen oder durch eine örtliche Verschwächung veranlaßt.

Biegeversuche.

Die Streifen ohne Schweißung sowie diejenigen mit Schweißung aus Blech E 2 ließen sich flach zusammendrücken (vergl. Fig. 214, Tafel XIV). Risse traten dabei an der Außenseite nicht auf. An der Innenseite ist bei Stab E 2 G ein leichter Anbruch zu beobachten. Die Stäbe mit Schweißung aus Blech E 1 sind entsprechend Fig. 215, Tafel XIV, gebrochen.

Zugversuche.

10	11	12	13	14	15	16	17	
Bruchquerschnitt			Bruchdehnung				Querschnittsverminderung $100\frac{ab - a_1 b_1}{ab}$	Bemerkungen
			auf 100 mm		auf 200 mm			Bruch erfolgte bei Einteilung der Meßstrecke von 200 mm in 20 gleiche Teile
a_1 cm	b_1 cm	$a_1 b_1$ qcm	mm	vH	mm	vH	vH	
1,21	2,02	2,44	42,2	42,2	60,6	30,3	62,2	zwischen dem 5. und 6. Teilstrich
1,20	2,03	2,44	37,2	37,2	55,8	27,9	62,3	» » 2. » 3. »
				39,7		29,1	62,3	
1,11	1,77	1,96	—	—	—	—	70,2	außerhalb der Meßstrecke
2,13	2,88	6,13	9,0	9,0	17,2	8,6	4,5	an der Schweißstelle; Bruch körnig
						—		
1,15	1,99	2,29	—	—	—	—	62,0	außerhalb der Meßstrecke
1,13	1,90	2,15	—	—	—	—	63,7	» » »
							62,9	
1,15	1,95	2,24	—	—	—	—	64,3	außerhalb der Meßstrecke
1,05	1,70	1,79	37,5	37,5	49,4	24,7	69,6	an der Schweißstelle; Bruch gesund
							67,0	

grenze (vergl. Zeitschrift des Vereines deutscher Ingenieure 1904 S. 1040 u. f.), außer in den

Metallographische Untersuchung, Tafel XIV.

Querschnitte durch die Schweißstellen sind in Fig. 216 (Blech E 1) und 217 (Blech E 2) wiedergegeben. Fig. 216 zeigt sehr grobes Korn [1]). Das Kleingefüge (vergl. Fig. 218) läßt erkennen, daß starke Ueberhitzung stattgefunden hat. Hierdurch erklärt sich das mangelhafte Verhalten bei den mechanischen Prüfungen. Auf Fig. 217 tritt die Schweißfuge als feine Linie zutage. Das Kleingefüge von Blech E 2 läßt Besonderes nicht beobachten.

[1]) **Nach Angabe sind die Bleche nach Herstellung der Schweißung nicht ausgeglüht.**

Anhang.

Kurze Einführung in die Metallographie von Kesselblechen[1]).

Von R. Baumann.

Schon die Betrachtung der Blechoberfläche oder des Bruchgefüges zerrissener Stäbe liefert in einzelnen Fällen Anhaltspunkte für das Vorhandensein außergewöhnlicher Beschaffenheit des zu beurteilenden Materials. So läßt z. B. Fig. 219, Tafel XV, an den zahlreichen blatterartigen Erhöhungen der Walzhaut erkennen, daß dieses Material[2]) zu stark und zu lange Zeit erhitzt worden ist. Fig. 220, Tafel XV, zeigt eine Bruchfläche, die von einem andern, im Betrieb gerissenen Kesselbleche herrührt[3]). Die Blättrigkeit der Bruchfläche beweist, daß das Blech unganz ist, daß es Teile des Lunkers enthält[4]). Die Fälle, in denen sich die Folgen fehlerhafter Behandlung oder mangelhafter Beschaffenheit so ohne weiteres in ausgeprägter Weise erkennen lassen, sind jedoch verhältnismäßig selten. Außerdem ist bei Schlüssen, die aus dem Aussehen des Bruchgefüges gezogen werden sollen, größte Vorsicht am Platze, da die Art, wie der Bruch erzeug worden ist, Einfluß nimmt.

Man ist deshalb genötigt, Schnitte durch das zu untersuchende Material zu führen, diese durch Bearbeitung, Schleifen, Polieren zu glätten, und sie erst dann der Betrachtung zu unterwerfen. Sind unganze Stellen oder Schlackeneinschlüsse von größerem Umfang vorhanden, so lassen sich diese mit bloßem Auge oder unter Verwendung schwacher Vergrößerung erkennen. Als Beispiel diene Fig. 221, Tafel XV, welche einen Querschnitt durch ein Schweißeisenblech[5]) in 5facher Vergrößerung wiedergibt. Aehnliche Einschlüsse, die jedoch einzeln, nicht in zahlreichen Schichten auftreten, lassen sich häufig bei mangelhaft geschweißten Flußeisenblechen sowie an Material beobachten, das Teile des Lunkers enthält oder sonst stark verunreinigt ist.

Das eigentliche Gefüge des Materials tritt jedoch erst nach dem Aetzen des (durch Abwaschen mit Benzin, Alkohol und Aether oder in andrer Weise

[1]) Durch die folgende Arbeit soll denjenigen Lesern, welche dem Gegenstand fernerstehen, die Durchsicht erleichtert werden.

[2]) Das Blech ist im Betriebe gerissen.

[3]) Vergl. Zeitschrift des Bayerischen Revisionsvereins 1905 S. 153, Fall 3.

[4]) Das Stück entstammt der Mitte einer Blechtafel. Trotzdem traten beim Durchsägen Spalten von mehreren cm Länge zutage.

[5]) Diese zur Walzrichtung parallelen Einschlüsse, die in großer Zahl auftreten, kennzeichnen das Schweißeisen gegenüber dem Flußeisen. Im folgenden soll auf das letztere fast ausschließlich Rücksicht genommen werden, entsprechend der tatsächlichen Bedeutung dieses Materials.

entfetteten) Querschnitts hervor. Durch die Aetzmittel werden die verschiedenen Bestandteile ungleich angegriffen, zum Teil auch infolge von Niederschlägen gefärbt. Durch eine Kupferammonchlorid- oder Kupferchloridlösung wird ungleichförmige Beschaffenheit besonders deutlich zum Ausdruck gebracht. So läßt Fig. 222, Tafel XV, deutlich helle und dunkle Schichten erkennen. Aehnlich, aber in der Regel weniger scharf, treten solche Schichtungen bei Aetzung mit Salpetersäure, Salzsäure, Jodtinktur u. a. m. hervor. Eine unmittelbare Abbildung wird erhalten, wenn man ein mit rd. 5 prozentiger Schwefelsäure getränktes Stück Bromsilberpapier etwa 1 Minute lang auf die Querschnittsfläche drückt, vergl. Fig. 223, Tafel XV, die von der Rückseite desselben Stückes herrührt, das Fig. 222 geliefert hat (Spiegelbild infolge des Abdrückens).

Zahlreiche Untersuchungen haben ergeben, daß die dunkelgefärbten Schichten mehr Kohlenstoff, Schwefel (dieser ist in allererster Linie der wirksame Bestandteil bei dem Abdruckverfahren) und Phosphor enthalten, als diejenigen Querschnittsteile, welche hell bleiben. Diese Stoffe »seigern«, d. h. sie ziehen sich beim Erstarren des gegossenen Blockes (des Ingots, der Bramme), aus dem das Blech gewalzt werden soll, nach denjenigen Teilen hin zusammen, welche am längsten flüssig bleiben. Infolgedessen ist der Kern des Blockes sowie dessen Kopfende an den genannten Stoffen reicher, als die Randzonen und das Fußende. Diese Verhältnisse bleiben auch beim Auswalzen bestehen. Der Blechquerschnitt enthält also nahe der Walzhaut weniger Kohlenstoff, Schwefel und Phosphor als in der Mitte. Der Unterschied wird, abgesehen von anderem, um so ausgeprägter sein, je mehr von den genannten Stoffen an und für sich vorhanden ist. Die Aetzprobe läßt ohne weiteres erkennen, ob solche Seigerungen in erheblichem Maße vorliegen; die zahlenmäßige Feststellung des Grades der Verunreinigung hat jedoch durch die chemische Analyse zu erfolgen.

Die Bedeutung des Nachweises, ob stark ausgeprägte Seigerung vorhanden ist, liegt in erster Linie darin, daß Material, welches solche besitzt, zur Herstellung wichtiger Konstruktionsteile wenig geeignet erscheint. In dieser Hinsicht herrscht allerdings zurzeit noch Uneinigkeit. Sehr lehrreich sind die Erörterungen, die im Heft 59 der Mitteilungen über Forschungsarbeiten, herausgegeben vom Verein deutscher Ingenieure, wiedergegeben sind. Das eine dürfte jedoch feststehen, daß stark verunreinigtes Material empfindlicher ist, als in geringerem Maße verunreinigtes. Daß diese Frage noch durch eingehende Versuchsarbeiten klarzustellen ist, soll nicht unerwähnt bleiben.

Die Betrachtung der geätzten Querschnitte ermöglicht ferner, aus dem Verlauf der gefärbten Schichten (die, wenn auch bei gutem Material schwach ausgeprägt, fast stets zu beobachten sind) auf stattgehabte bleibende Formänderung zu schließen, so z. B. zu entscheiden, ob ein Nietloch gestanzt ist. Fig. 224, Tafel XV, gewonnen als Schnitt durch die linke Wand eines Nietloches, läßt die am Rand umgebogenen Schichten, die beim Stanzen in der Richtung des Arbeitsvorganges mitgezogen worden sind, deutlich erkennen. Dasselbe Bild ist auch an mit der Schere geschnittenen Blechkanten zu beobachten, vergl. Fig. 222 und 223. Solche gewaltsamen Formänderungen stellen bedeutende Anforderungen an die Zähigkeit des Materials; reicht diese nicht aus, oder ist die Quetschung infolge mangelhafter Beschaffenheit der Werkzeuge eine außergewöhnlich starke, so entstehen am Rande des Schnittes kürzere oder längere Risse, die sich im Betrieb erweitern und verlängern können. Ein Beispiel hierfür ist in Fig 225, Tafel XV, dargestellt. Diesen kleinen Anrissen ist um so größere Beachtung zu schenken, als sie

1) in den spröden Schichten beginnen,

2) sich in dem zerquetschten Material des Schnittrandes, das seine Zähigkeit zum größten Teile eingebüßt hat, verhältnismäßig rasch fortpflanzen können, und weil sich

3) einmal entstandene Risse in Flußeisen überhaupt leicht verlängern [1]).

Das Stanzen von Löchern sollte daher bei Flußeisen nach Möglichkeit vermieden werden, und an mit der Schere geschnittenen Rändern ist die zerquetschte Schicht durch Hobeln zu entfernen, soweit es sich um wichtige Konstruktionsteile handelt. (In der Tat erstreckt sich die Beanspruchung des Materials beim Schneiden viel weiter in das Innere des Bleches, als in der Regel angenommen zu werden pflegt, ein Umstand, der namentlich bei Flußeisen von geringer Zähigkeit volle Beachtung verdient.) In diesem Falle kann natürlich der Nachweis, daß Stanzen stattgefunden hat, aus dem Querschnittsbild nicht mehr erbracht werden, da die umgebogenen Schichten bei der Bearbeitung in Wegfall kommen.

Um weitergehenden Einblick in die Beschaffenheit des Materials zu erlangen, muß der Querschnitt unter stärkerer Vergrößerung betrachtet werden. Nach Erlangung einer gewissen Uebung kann dies häufig entbehrt werden, doch ist die Anwendung des Mikroskops zur sicheren Begründung und namentlich zur Darstellung unbedingt erforderlich.

Ganz weiches Flußeisen zeigt ein Kleingefüge entsprechend Fig. 226, Tafel XV, (Vergrößerung 200fach). Es erweist sich als aufgebaut aus einzelnen Körnern von unregelmäßiger Gestalt, welche aus ziemlich reinem Eisen bestehen und mit »Ferrit« bezeichnet werden. Nach starker Aetzung zeigt sich, daß diese Körner Kristallstruktur besitzen, wie die rechteckigen Vertiefungen und Abtreppungen der Fig. 227, Tafel XV, (Vergrößerung 150fach) erkennen lassen. Die Ausbildung der äußeren Kristallform wird durch die Nachbarkristalle hintertrieben [2]).

Material von höherer Festigkeit (und entsprechend höherem Kohlenstoffgehalt) zeigt außer dem weißen Ferrit einen dunkeln Bestandteil, den »Perlit« (vergl. Fig. 229, Tafel XV, Vergrößerung 200fach), so genannt, weil sich manchmal an ihm ein perlmutterartiger Schimmer beobachten läßt. Unter starker Vergrößerung erweist sich jedes dunkle Feld der Fig. 229 als gestreift, wie aus Fig. 230, Tafel XV, (Vergrößerung 600fach) hervorgeht, wobei jeder zweite Streifen leicht erhaben erscheint. Da das Bild einen Querschnitt darstellt, muß jedem erhabenen Streifen ein Blättchen entsprechen. Dieses besteht, wie zahlreiche Untersuchungen ergeben haben, aus dem glasharten Eisenkarbid Fe_3C, einem Gefügeteil, welcher »Zementit« genannt worden ist. Der Perlit ist also ein Gemisch von Ferrit (Eisen, weich) und Zementit (Eisenkarbid, hart), jedoch ein solches von ganz bestimmter Zusammensetzung, derart, daß jedem Flächenteil Perlit ein Kohlenstoffgehalt von 0,8 bis 0,9 vH entspricht [3]). Die Betrachtung des Gefüge-

[1]) Schweißeisen ist in dieser Hinsicht günstiger; die Risse erfahren längs der Schlackeneinschlüsse Ablenkung und haben dann keine Veranlassung, sich fortzupflanzen. Daraus darf aber nicht geschlossen werden, daß dieses Material unter allen Umständen weniger leicht reiße als Flußeisen. Die infolge der Schlackeneinschlüsse vorhandene geringe Widerstandsfähigkeit gegenüber Schubbeanspruchung sowie gegenüber quer zur Walzrichtung wirkenden Biegungen, Bewegungen infolge von Wärmedehnung usw. kann in einzelnen Fällen sogar frühere Rißbildung verursachen.

[2]) Kristalle, deren äußere Form ausgebildet ist, finden sich in Hohlräumen, vergl. Fig. 228, Tafel XV, die einen solchen, der in einem Stahlgußstab beobachtet wurde, wiedergibt; nach dem Walzen sind solche Gebilde nicht mehr zu erkennen.

[3]) Diese Verhältniszahl ist das Ergebnis zahlreicher Untersuchungen. Bei genauerer Betrachtung erkennt man, daß der Kohlenstoffgehalt eigentlich nicht der Fläche der Perlitquer-

bildes gestattet also einen Schluß auf den Kohlenstoffgehalt, indem der Anteil der Fläche an Perlit ermittelt wird. Dies geschieht am einfachsten dadurch, daß man eine Glastafel, auf der ein Quadratnetz (z. B. von 2 mm Seitenlänge) aufgezeichnet ist, über das Gefügebild legt und abzählt, wieviele von je 100 Feldern vom Perlit ausgefüllt werden. Für Fig. 231, Tafel XV, ergibt sich, daß auf je 100 Felder rd. 23 Perlitfelder kommen. Der Kohlenstoffgehalt des Materials an der betrachteten Stelle beträgt also $\frac{23 \cdot 0{,}8}{100}$ bis $\frac{23 \cdot 0{,}9}{100} = 0{,}185$ bis $0{,}207 =$ rd. $0{,}2$ vH. Wie erwähnt, ist der Kohlenstoffgehalt in der Mitte der Blechquerschnitte stets mehr oder weniger größer als am Rande. Die angegebene Art der Kohlenstoffbestimmung, deren Genauigkeit für viele Zwecke ausreicht, besitzt den großen Vorteil, daß sie ohne weiteres, sozusagen auf einen Blick, erkennen läßt, in welchem Grade diese Verschiedenheit vorhanden ist.

Als Beispiel sind in Fig. 232, Tafel XV, drei Stellen desselben Querschnitts abgebildet (Vergrößerung 50fach). Fig. 232a zeigt eine Stelle nahe dem Rande, Fig. 232b eine solche nahe der Mitte, Fig. 232c den Teil einer stark verunreinigten Schicht. Bei Fig. 232a und 232b fällt der große Unterschied des Perlit- bezw. Kohlenstoffgehaltes ins Auge. Fig. 232c zeigt einen Schlackeneinschluß sowie die kennzeichnende Erscheinung, daß dieser in einem kohlenstoffarmen Streifen eingebettet liegt. Längliche Einschlüsse von Mangansulfid zeigt Fig. 233, Tafel XV, in hellgrauer Farbe (Vergrößerung 200fach), während Fig. 234, Tafel XV, herrührend von demselben Material, sehr fein verteilte Einschlüsse erkennen läßt, die vielleicht von Schwefeleisen gebildet sind. Ein Vergleich der Fig. 233 und 234 ergibt, daß dieselbe Menge von Verunreinigungen (hier Schwefel) in sehr verschiedenem Maße die Güte eines Materials beeinträchtigen kann. Von den drei in den Figuren 232c, 233 und 234 abgebildeten Einschlüssen werden am wenigsten schädlich voraussichtlich die entsprechend Fig. 233, am meisten schädlich diejenigen nach Fig. 234 wirken.

Die Richtung, in welcher die grauen Einschlüsse am meisten gestreckt sind, ist die Walzrichtung. Diese kann somit im Zweifelsfall durch Untersuchung von drei aufeinander senkrechten Querschnitten bestimmt werden.

Diese Beispiele zeigen, daß ein wesentlicher Vorteil der metallographischen Untersuchung darin besteht, daß man sicher beobachten kann, an welcher Stelle und in welcher Anordnung (gegebenenfalls in welchem Zustand) die nachgewiesenen Verunreinigungen auftreten, während die chemische Analyse die Mengenbestimmung ermöglicht. Beide Untersuchungsarten ergänzen sich daher. Die letzten Figuren deuten ferner darauf hin, daß es jedenfalls angezeigt ist, den Einschlüssen weit mehr Beachtung zu schenken, als es bis jetzt zu geschehen pflegt[1]).

schnitte, sondern dem Rauminhalt der Perlitkörper proportional sein muß. Die verschiedene Gestalt der letzteren würde jedoch eine Bestimmung unmöglich machen, und die Erfahrung zeigt, daß man die Querschnittsflächen der Kohlenstoffbestimmung zugrunde legen darf. Auch die Verschiedenheit der spezifischen Gewichte kann außer Betracht bleiben. Die Verhältniszahl 0,8 bis 0,9 wird ferner beeinflußt von der chemischen Zusammensetzung des Materials, namentlich vom Mangangehalt (in der Regel liegt der Wert für gewöhnliches Flußeisen näher bei 0,8) sowie von der Geschwindigkeit, mit welcher sich das Eisen aus dem glühenden Zustand abgekühlt hat; zum Vergleich soll deshalb nur langsam abgekühltes Material dienen (vergl. hierüber das weiter unten zu Fig. 248 bis 252 Bemerkte).

[1]) Dies gilt auch in bezug auf die Rostfrage. Querschnitte pflegen an den von (schwefelhaltigen) Einschlüssen betroffenen Stellen weit stärker zu rosten, als in deren Umgebung, so daß geradezu Bilder entstehen, wie man sie durch Aetzung erhalten würde. Ein solches zeigt Fig. 235, Tafel XVI. Die Schichtungen im Blech heben sich dunkel ab, die dreieckförmige Schweißstelle *a*—b—*c* besteht aus reinerem Eisen und tritt hell hervor.

Die bisher betrachteten Gefügebilder entstammen sämtlich Material, das sorgfältig ausgeglüht und ohne vorhergegangene Formänderung untersucht worden ist. Das Kleingefüge erfährt nun Beeinflussung durch Formänderung im kalten Zustand sowie durch verschiedene Wärmebehandlung.

Durch Formänderung im kalten Zustand werden die einzelnen Körner gestreckt: die Formänderung des Stückes kommt als Summe der Streckungen der einzelnen Körner zustande. Als Beispiel ist in Fig. 236a und 236b, Tafel XVI, das Gefüge desselben Materials vor und nach dieser Behandlung 133fach vergrößert abgebildet. Die verhältnismäßige Streckung der Körner bildet ein Maß für den Grad der kalt vorgenommenen Bearbeitung und damit auch der erfolgten Zähigkeitsminderung. Durch Ausglühen wird die Verlängerung des einzelnen Korns im Gefügebild zum Verschwinden gebracht, in Uebereinstimmung damit, daß auch die ursprüngliche Zähigkeit des Materials dadurch nahezu vollständig wieder hergestellt werden kann (sofern die Formänderung nicht zu weit getrieben worden war[1])). Die z. B. am Rande gestanzter Löcher vorhandene Streckung der Körner verschwindet nach dem Ausglühen, so daß nur noch das Abbiegen der Schichten entsprechend Fig. 224 als Zeichen der vorgenommenen Formänderung verbleibt[1]). Durch die Fig. 237 und 238, Tafel XVI, (beide gewonnen von demselben Material, das jedoch für Fig. 238 ausgeglüht worden war) wird dies veranschaulicht.

Beanspruchungen, die ihre Richtung häufig wechseln, können eine Verlängerung der Kristalle in einem bestimmten Sinn nicht bewirken, da die erzeugten Formänderungen sich gegenseitig aufheben. Ihre Wirkung besteht — bei hinreichender Größe und entsprechend häufiger Wiederholung — in einer Schwächung des inneren Zusammenhangs der Körner längs der Flächen geringsten Widerstandes (vermutlich Gleit- oder Spaltflächen der Kristalle), welche infolgedessen beim Aetzen stärker angegriffen und deshalb sichtbar werden, wie Fig. 239, Tafel XVI, (Vergrößerung 150fach) erkennen läßt. Manchmal ist das Auftreten dieser Linien nach verhältnismäßig geringer Formänderung oder Beanspruchung auch ein Anzeichen dafür, daß das Blech zu stark erhitzt wurde. Ein Beispiel für diesen Fall bildet Fig. 240, Tafel XVI; hier sind die Linien durch die Erzeugung einer benachbarten Stemmfurche hervorgerufen. Die Erklärung gibt sich daraus, daß sich diese Erscheinungen um so deutlicher ausprägen, je weiter die kristallinische Entwicklung der Körner vorgeschritten ist. Sie bilden unter Umständen ein empfindliches Erkennungszeichen für stattgehabte Formänderung und geben anderseits an, in welcher Weise man sich das Fortschreiten von Rissen im Flußeisen vorzustellen hat. Fig. 241, Tafel XVI, (Vergrößerung 100fach) zeigt als Beispiel das Ende eines solchen, der sich in einem Kesselblech während des Betriebes gebildet hatte. Deutlich ist zu erkennen, daß er teils in der bezeichneten Weise geradlinig durch das Innere der Körner, teils auch deren äußeren Begrenzungen entlang fortgeschritten ist, jenachdem der eine oder andre Weg auf geringeren Widerstand stoßen ließ.

Wie schon oben erwähnt, kann die Wirkung der Formänderung durch Ausglühen mehr oder minder vollständig behoben werden, und es erfolgt dabei auch eine Beseitigung der Kornstreckung. Dies könnte auf zweierlei Weise zustande kommen. Entweder, die Kristalle erhalten bei höherer Temperatur die Fähigkeit, gewissermaßen elastisch in ihre frühere Gestalt zurückzufedern

---

[1]) Etwa eingetretene Risse, wie sie Fig 237, Tafel XVI, erkennen läßt, verschwinden auch beim Ausglühen nicht: wo der Materialzusammenhang gestört ist, wird er durch die Glühbehandlung nicht wieder herbeigeführt, nur die Körner bilden sich neu.

— dies ist an und für sich unwahrscheinlich, da das rotwarme Metall sehr wenig elastisch ist, und wird dadurch widerlegt, daß die Körner nach dem Ausglühen häufig andre Größe aufweisen, als zuvor, — oder man ist genötigt, anzunehmen, daß sich beim Ausglühen ganz neue Kristalle bilden, daß das Eisen im festen Zustand, ohne flüssig geworden zu sein, neu kristallisiert. Mit dieser Erklärung steht die oben erwähnte Größenänderung der Körner nicht im Widerspruch. Gleichzeitig läßt dieselbe erwarten, daß bei langdauernder Erwärmung ein stetiges Wachsen der Kristalle eintritt, welches um so rascher erfolgt, je höher die Temperatur gehalten wird. In der Tat bestätigt der Versuch diese Schlußfolgerung. Fig. 242, Tafel XVI, (Vergrößerung 3fach) zeigt das Bruchgefüge einer Eisenstange (an ihrem eingemauert gewesenen Ende), welche n einem Glühofen als Traverse eingebaut und während 2 Jahren einer Temperatur von nach Angabe etwa 700 bis 800° C ausgesetzt war. Einen leichteren Vergleich mit den früheren Gefügebildern ermöglicht Fig. 243, Tafel XVI, (Vergrößerung 100fach), welche eine Stelle zeigt, an der 3 Körner zusammenstoßen. Das Wachsen der Kristalle veranschaulicht wohl am deutlichsten ein von Quincke herrührender Vergleich mit Seifenblasen, welche durch Aufhebung der Scheidewände zusammenfließen [1]). Denken wir uns nun ein solches Eisen mit seinen großen Körnern nochmals auf diejenige Temperatur erwärmt, bei welcher die Neubildung der Kristalle eintritt, auf derselben aber nur kurze Zeit gehalten, so können sich nur kleine neue Körner gebildet haben, d. h. die grobe Struktur muß verschwinden. Fig. 245, Tafel XVI, (Vergrößerung 100fach) zeigt das Gefüge des in dieser Weise behandelten Eisens, von welchem Fig. 242 und 243 herrühren; sie läßt deutlich erkennen, daß die groben Kristalle in der Tat verschwunden sind (vergl. auch Fußnote 2).

Mit stark ausgeprägter Kristallstruktur werden nun auch die Flächen geringsten Widerstandes größere Bedeutung erlangen, d. h. das Eisen wird an Festigkeit und namentlich an Zähigkeit einbüßen müssen (vergl. hierzu die an Fig. 239 erinnernden Linien in dem einen der Körner auf Fig. 243). In der Tat haben jedoch Versuche ergeben, daß dies nicht allgemein zutrifft. Es scheint, als ob dasjenige Eisen, dessen Körner bei verhältnismäßig niederer Temperatur gewachsen sind, nicht spröde ist, während von einer gewissen Erwärmung an (bei weichem Flußeisen nach Versuchen von Heyn etwa 1000° C) das Eisen »überhitzt«, d. h. grobkörnig und spröde wird. Ob dieser Unterschied im Verhalten von bei verschiedener Temperatur gebildeten aber gleich großen Kristallen durch Lösungsvorgänge, z. B. durch die Einwirkung der umgebenden Luft, Gase usw. bedingt ist oder allgemein zutrifft [2]), muß zunächst dahingestellt

---

[1]) Damit dies eintreten kann, müssen die Korngrenzen anscheinend frei von Verunreinigungen sein. An einer Stelle, die stärker verunreinigt war, zeigte sich bei dem grobkristallinischen Eisen ein Gefüge entsprechend Fig. 244, Tafel XVI, (Vergrößerung 100fach). Hier hat also wegen der trennenden Hüllschicht eine erhebliche Zunahme der Korngröße, wie sie durch Fig. 243 gegeben ist, durch Vereinigung benachbarter Kristalle nicht erfolgen können.

[2]) In diesem Fall würde die Erklärung in Folgendem zu suchen sein. Das Eisen erfährt bei Erhitzung zweimal eine innere Veränderung (allotrope Transformation); das bei gewöhnlicher Temperatur vorhandene Eisen, »α-Eisen« genannt, verwandelt sich in einem weichen Flußeisenstück bei rd. 730° C in »β-Eisen«. Hierbei erfährt der Aufbau der Kristalle durchgreifende Veränderung. (Man denke an den Unterschied zwischen Graphit und Diamant, welche zwei verschiedene Formen des Kohlenstoffs sind.) Bei 850 bis 900° C erfolgt eine zweite Veränderung, das »β-Eisen« verwandelt sich in »γ-Eisen«. Die einmal vorhandenen Kristalle bleiben also nicht während der ganzen Erhitzungszeit dieselben, sondern sie erfahren zweimal eine Veränderung.

Es können nun sowohl die Kristalle wachsen, solange die Temperatur so nieder ist, daß »α-Eisen« vorliegt, als auch, wenn »β-« oder »γ-Eisen« vorhanden ist. Hierdurch könnten zwei

bleiben. (Das in Fig. 242 abgebildete Eisen war jedenfalls, wie die Bruchfläche zeigt, sehr spröde, obwohl sich die Kristalle nach Angabe bei rd. 700 bis 800° C gebildet hatten. Allerdings betrug hier die Zeit 2 Jahre, während es sich bei Versuchen in der Regel um Stunden und Tage handelt. Auch der Umstand, daß das Eisen durch Mauerwerk vor Luft und Feuergasen geschützt war, kann von Einfluß sein.) Die vorgeführten Beispiele sollen in erster Linie dartun, daß das grobkörnige, überhitzte Eisen durch Ausglühen[1]) wieder feinkörnig gemacht und dadurch verbessert werden kann. Daß die Behandlung durch Schmieden noch weiter gefördert wird, lehrt die Erfahrung, erscheint auch verständlich, weil die Kristalle Zerkleinerung erfahren.

Wird die Erhitzung über eine gewisse Grenze (rd. 1300 bis 1400° C, auch hier spielt die Zeit eine erhebliche Rolle, ebenso die chemische Zusammensetzung) gesteigert, so tritt bei genügend langdauernder Wirkung an den Kristallgrenzen und im Innern der Körner Oxydierung ein, das Eisen ist dann »verbrannt«, vergl. Fig. 246, Tafel XVI, Mitte (Vergrößerung 100fach). Diese Oxydteile heben den inneren und äußeren Zusammenhang der Körner nahezu auf, das Eisen ist infolgedessen bei jeder Temperatur äußerst spröde; sie können zudem nicht wieder entfernt werden. Ausglühen würde also zwar die Kristalle verkleinern, aber doch die Güte des Materials nicht bedeutend verbessern. In vielen Fällen (z. B. beim Erhitzen im Schmiedefeuer, beim Einschmelzen des Zusatzmaterials bei der autogenen Schweißung usw.) läßt sich die erforderliche hohe Temperatur in der Regel nicht solange aufrecht erhalten, daß das verbrannte Gefüge im Innern des Materials entstehen kann. Es findet das bekannte Funkensprühen statt, das Eisen verbrennt oberflächlich oder fließt ab, so daß eine weitgehende Schädigung des verbleibenden Materials verhütet ist. Nur infolge des Umstandes, daß die Zeit diese bedeutende Rolle spielt, gelingt es, gesunde Schweißungen — bei allen Schweißverfahren — zu erzielen. Von den Fällen, in denen besondere Einflüsse der Umgebung schon bei niederer Temperatur eine weitgehende Sauerstoffaufnahme durch das Eisen befördern, muß hier abgesehen werden, da sie für Kesselbleche nicht in Betracht kommen[2]).

Die bisherigen Betrachtungen galten für ganz weiches Eisen. Es muß nun noch die Einwirkung hoher Wärmegrade auf den Perlit, d. h. den vom Kohlen-

Eisenstücke von gleicher Korngröße doch verschiedene Eigenschaften aufweisen, wenn das Wachsen der Kristalle das einemal im α- oder β-, das andremal im γ-Zustande erfolgt ist. Wie oben erwähnt, können jedoch noch andre Einflüsse sich geltend machen, so daß diese Frage zunächst offen bleiben muß. Auf die Wiedergabe von Diagrammen sowie auf das nähere Eingehen auf die Frage der inneren Umwandlungen im Eisen kann an dieser Stelle verzichtet werden. (Vergl. Fußnote 1 S. 78.)

Zu beachten ist ferner, daß sich bei der Abkühlung dieselben Vorgänge wie bei der Erwärmung, nur in umgekehrter Richtung, abspielen. Die Abkühlungsgeschwindigkeit wird also die Größe der Körner beeinflussen, indem sie bestimmt, während welcher Zeit das Material sich in dem einzelnen Zustand (γ-, β-, α-Eisen) befindet.

[1]) Die erforderliche Temperatur beträgt beim weichsten Eisen rd. 900° C; sie nimmt mit steigendem (von 0 bis 0,9 vH) Kohlenstoffgehalt ab. (Vergl. Fußnote 1 S. 78.)

[2]) Zu erwähnen ist, daß bei Wasserrohrkesseln im Falle ungenügenden Wasserumlaufes manchmal Beulen in den Rohren über dem Rost entstehen, welche sich auf solche Temperatur erhitzen, daß Verzunderung an der Innenseite und Abzehrung auf der Außenseite erfolgt, welche die Wandstärke erheblich zu schwächen vermögen. Auch sonst treten infolge Wärmestauung manchmal erhebliche Erhitzungen der Bleche und Abzehrungen ein. Fig. 247, Tafel XVI, (Vergrößerung 100fach) zeigt den Querschnitt durch eine solche Stelle und läßt deutlich erkennen, daß die Abtrennung der einzelnen Körner entlang ihrer äußeren Umfänge erfolgte, also rasch fortschreiten wird, da nicht alles Material zu verbrennen ist. Die Wärmestauung war im vorliegenden Fall durch reichliche Gipsablagerungen verursacht.

stoffgehalt herrührenden Gefügebestandteil untersucht werden. Hier spielt die Abkühlungsgeschwindigkeit eine so bedeutende Rolle, daß es notwendig wird, auf die Vorgänge beim Härten etwas einzugehen. Da diese Behandlung für Kesselbleche nur wenig in Betracht kommt, soll nur das unbedingt Erforderliche gebracht werden.

Erhitzt man ein Stück Eisen von z. B. 0,4 vH Kohlenstoffgehalt auf 850° C und schreckt es in kaltem Wasser ab, so erhält man ein Gefügebild, in welchem die Perlitfelder völlig fehlen. Bei stärkerer Vergrößerung erkennt man, daß die einzelnen Körner eigenartige Zeichnung aufweisen, sie sind, wie Fig. 248, Tafel XVI, (Vergrößerung 500fach) zeigt, von nadelartigen Furchen durchzogen, die sich häufig unter einem Winkel von rd. 60° überschneiden. Dieser Gefügebestandteil heißt Martensit, er ist das Kennzeichen für vollkommene Härtung (auch beim Werkzeugstahl, der Stahl besitzt dann Glashärte). Das Verschwinden des Perlits weist darauf hin, daß in der hohen Temperatur eine Auflösung [1]) desselben vor sich gegangen ist. Diese erfolgte ohne Flüssigwerden und die Lösung ist beim raschen Erkalten erhalten geblieben, obwohl bei der gewöhnlichen Temperatur der Perlit eigentlich abgeschieden sein müßte. (Die analoge Erscheinung der Unterkühlung bei Wasser, Metallschmelzen usw., d. h. die Beobachtung, daß ein Zustand künstlich bei einer Temperatur erhalten wird, bei der er eigentlich nicht mehr vorhanden ist, dürfte allgemein bekannt sein.) Das Eisen hat also bei der hohen Temperatur die Fähigkeit, den Perlit bezw. den in ihm enthaltenen Zementit (Eisenkarbid) aufzulösen. Die Masse besteht dann aus homogenen Kristallen, deren Struktur nach dem Aetzen in der aus Fig. 248 ersichtlichen Weise zutage tritt Erwärmt man ein solches abgeschrecktes Stück, in dem dieser Zustand infolge der raschen Wärmeentziehung künstlich aufrecht erhalten worden ist, so entsteht das Bestreben, den normalen Zustand zu erreichen, d. h. den Zementit bezw. Perlit auszuscheiden. Dabei entstehen Uebergangsgefüge, welche zwar hier nicht behandelt zu werden brauchen, jedoch für die Härtetechnik von allergrößter Bedeutung sind, und schließlich das Ferrit-Perlit-Gefüge entsprechend Fig. 229, Tafel XV.

Dasselbe Ergebnis, wie durch das Anlassen, wird dadurch hervorgebracht werden können, daß man die Abkühlung weniger nachdrücklich vornimmt, d. h. das Stück in warmes Wasser, Oel, Fett usw. eintaucht, oder daß man die Erhitzung vor dem Abkühlen weniger weit treibt, oder endlich weniger erhitzt und langsamer abkühlt. Für die Untersuchung von Kesselblechen kommt nur in Betracht, welche Gefüge bei der Vornahme der Hartbiegeprobe erlangt werden. Für diese ist bekanntlich vorgeschrieben: Erwärmung auf dunkle Kirschrothitze und Abkühlen in Wasser von 28° C. Unter der Bezeichnung »dunkle Kirschrothitze« können nun ziemlich verschiedene Wärmegrade verstanden werden. Die Angaben in der Literatur schwanken zwischen 636 und 800° C. Fig. 249 bis 252 (Vergrößerung 150fach) geben die bei verschiedenen

[1]) Die Erklärung dafür, daß das Eisen bei z. B. 850° C den Zementit zu lösen vermag, ist dadurch gegeben, daß es in einer neuen Modifikation (»γ-Eisen«, vergl. Fußnote 2 S. 76) auftritt. Das bei gewöhnlicher Temperatur vorhandene α-Eisen, das fast gar keinen Kohlenstoff zu lösen vermag, verwandelt sich bei rd. 730° C in β-Eisen, das eine etwas höhere Lösungsfähigkeit besitzt, und dieses bei mit zunehmendem (von 0 bis 0,9 vH) Kohlenstoffgehalt fallender Temperatur in γ-Eisen, das allen Kohlenstoff bezw. Zementit zu lösen vermag (innerhalb der angegebenen Grenzen). Die Umwandlungstemperatur beträgt rd. 900° C für 0 vH Kohlenstoff und fällt auf rd. 690° C bei 0,9 vH Kohlenstoff. Da diese Erklärung jedoch die geschilderten Vorgänge nicht besser veranschaulicht, soll auf die weitere Ausführung, auf die Wiedergabe von Diagrammen usw. verzichtet werden.

Abschreckungstemperaturen — 850, 800, 750 und 700° C — für dasselbe Material erlangten Gefügebilder wieder und zeigen, welch bedeutende Unterschiede im Gefüge und damit auch in den Eigenschaften des Materials auftreten. Fig. 249, Tafel XVI, erinnert noch an das strahlig-nadlige Gefüge des Martensit, Fg. 248, bei Fig. 250, Tafel XVI, hat die Trennung in zwei Bestandteile ausgeprägt begonnen, bei Fig. 251, Tafel XVII, ist dieselbe nahezu vollendet, es sind jedoch die einzelnen Zementitblättchen, Fig. 230, Tafel XV, noch nicht klar geschieden. Dies ist erst bei Fig. 252, Tafel XVII, zu beobachten, wo die Blättchen jedoch noch sehr fein sind. Langsam erkaltetes Material würde ein der Fig. 252 ähnliches Bild ergeben haben, bei dem der innere Aufbau der Perlitinseln schärfer ausgeprägt sein würde. Ein Vergleich der Fig. 248 bis 252 macht es verständlich, daß die ausgeschiedenen Bestandteile einen mit sinkender Abschrecktemperatur abnehmenden Teil der Bildfläche einnehmen (bei Fig. 248 ist der Kohlenstoffgehalt über die ganze Fläche gleichförmig verteilt, bei Fig. 252 auf einzelne Inseln beschränkt); bei der Kohlenstoffbestimmung an Hand des Gefügebildes ist daher stets darauf zu achten, daß das Material langsam abgekühlt worden ist. Schon bei der Betrachtung mit bloßem Auge übrigens erkennt man, welche Stücke von höherer Temperatur abgekühlt worden sind: die geätzten Flächen erscheinen um so dunkler, von je höherer Temperatur (innerhalb der angegebenen Grenzen) die Abschreckung vorgenommen worden war.

Erfolgt die Abkühlung von hoher Temperatur langsam, so fällt der Perlit grob aus, ebenso nimmt die Korngröße zu. Wird die Probe lange Zeit auf rd. 600 bis 700° C gehalten, so ballen sich die einzelnen Zementitlamellen zu Klümpchen und diese wieder zu größeren Körpern zusammen, wofür Fig. 253, Tafel XVII, (Vergrößerung 500fach) als Beispiel diene.

Die Erfahrung lehrt nun, daß Flußeisen um so empfindlicher gegen starke Erhitzung ist, je höhere Festigkeit, d. h. einen je größeren Kohlenstoffgehalt es besitzt. Wie oben angeführt, löst sich der letztere bei Rotglut, der Perlit hört auf zu bestehen, und es bilden sich neue homogene Kristalle, deren Kohlenstoffgehalt dem durchschnittlichen des Eisens gleich, aber nicht mehr in Inseln vereinigt, sondern gleichförmig verteilt ist. Zu dieser gleichförmigen Verteilung, d. h. Lösung, gehört Zeit, und zwar um so mehr Zeit, je niedriger die Temperatur ist — die untere Grenze für die letztere geht aus Fußnote 1 S. 78 hervor — gerade so, wie auch bei Salzlösungen gleichförmige Konzentration durch Diffusion erst nach Verlauf einer gewissen Zeit, die von Salzgehalt, Temperatur und Druck abhängt, erreicht wird, und wie sich z. B. ein Stück Zucker nicht augenblicklich im Glase Wasser löst, sondern dazu einer gewissen Zeit bedarf. Dies gewinnt namentlich bei der Behandlung der sogenannten Spezialstähle Bedeutung, darf aber auch sonst nicht außer acht gelassen werden. Z. B. ist es bei der Vornahme der Hartbiegeprobe nicht gleichgültig, ob man die Stücke zuerst hoch erhitzt, sie abkühlen läßt und dann bei dunkler Kirschrotglut ins Wasser taucht, oder ob man nur auf letztere Temperatur erwärmt und dann gleich abkühlt. Letzterer Fall entspricht der Vorschrift.

Es erscheint unter diesen Umständen begreiflich, daß das kohlenstoffhaltige Material in andrer Art und bei andern Wärmegraden durch die Erhitzung beeinflußt wird, als das reine Eisen, und daß dieser Unterschied mit steigendem Kohlenstoffgehalt zunimmt (für Kesselbleche kommen allerdings nur Kohlenstoffgehalte innerhalb enger Grenzen in Frage). Wie in Fußnote 1 S. 78 angedeutet, erfolgt die Lösung des Zementits bezw. Perlits bei um so niedrigerer Temperatur, je höher der Kohlenstoffgehalt (zwischen 0 und 0,9 vH) des Eisens ist. Auch hierin, sowie in dem Umstand, daß der Schmelzpunkt des Materials mit zunehmendem Kohlenstoffgehalt sinkt, liegt eine Erklärung, warum das Eisen mit steigendem Kohlenstoffgehalt früher überhitzt wird.

Zur Erlangung eines Beispiels für das Verhalten eines etwas kohlenstoffreicheren Materials bei hoher Erhitzung wurde ein Probestück während 10 Minuten auf 1250° C erhitzt und sodann an der Luft erkalten gelassen. Das Gefüge ist in Fig. 254, Tafel XVII, (Vergrößerung 75fach) abgebildet. Im Vergleich mit Fig. 229, Tafel XV, fällt die eigenartige strahlige Anordnung der Perlitinseln auf, die einigermaßen an das nach der Härtung zu beobachtende martensitische Gefüge, Fig. 248, Tafel XVI, mit seinen sich unter 60° überschneidenden Nadeln sowie an das Gefüge der Fig. 249 erinnert. Es wird anzunehmen sein, daß diese Anordnung durch die bei hohen Temperaturen vorhandene Orientierung der Kristallflächen bedingt ist[1]). Trifft dies zu, so muß das normale Perlitgefüge sich einstellen, wenn die Abkühlung so langsam erfolgt, daß für die Vereinigung des sich ausscheidenden Perlit zu den Inseln der Fig. 229 die erforderliche Zeit gelassen wird. Daß dies in der Tat erfolgt, zeigt Fig. 256, Tafel XVI, (Vergrößerung 75fach), welche von einem gleichfalls rund 10 Minuten lang auf 1250° C erhitzten Probestück herrührt, das jedoch in Asche erkaltete. (Die Abkühlung war trotzdem noch eine ziemlich rasche, da das Probestück ein Stab von 10 × 10 mm Querschnitt und 100 mm Länge war. Infolgedessen lassen sich an einzelnen Stellen noch Reste des Gefüges der Fig. 254 erkennen, wie Fig. 257, Tafel XVII, zeigt.

Diese Erscheinungen treten um so ausgeprägter auf, je höher die Erhitzung getrieben wird. Sie lassen sich namentlich häufig bei autogen geschweißten Stücken am Rande der verbundenen Bleche beobachten, wenn Ueberhitzung stattgefunden hatte, vergl. Fig. 79, Tafel VI, Fig. 84, Tafel VII, und Fig. 195, Tafel XIII. Dafür, daß sie auch bei Kesselblechen vorkommen, gibt Fig. 258, Tafel XVII, (Vergrößerung 200fach), herrührend von einem Schiffskesselblech, das im Betriebe Rißbildung gezeigt hatte, ein Beispiel.

Durch Ausglühen kann auch bei dem höher gekohlten Flußeisen die schädliche Wirkung der Ueberhitzung beseitigt werden. In bezug auf das Verbrennen gilt dasselbe, wie für das reine Eisen. Wenn einmal die Körner außen und innen oxydiert sind, ist eine Wiederherstellung durch Ausglühen oder Durchschmieden nicht mehr möglich.

Die vorstehende Besprechung der Gefügebilder zeigt, daß verschiedene Zusammensetzung und Behandlung sich außerordentlich stark im Gefügebild ausprägen, daß also die metallographische Untersuchung weitgehenden Einblick und sichere Schlüsse auf die zu erwartenden Eigenschaften des Materials ermöglicht. Immerhin sind noch wesentliche Aufgaben ungelöst; hier ist in erster Linie der Nachweis einer etwa stattgehabten Bearbeitung im sogenannten blauwarmen Zustand zu nennen, welche, namentlich bei besonders empfindlichen Blechsorten, Sprödigkeit hervorzurufen vermag.

[1]) Aehnliche Gefügebilder sind bei im Einsatz gekohlten Stücken zu beobachten, vergl. Fig. 255, Tafel XVII, (Vergrößerung 42fach). Dies scheint darauf hinzudeuten, daß der Kohlenstoff — und ebenso dann auch vermutlich andere gelöste Beimengungen, Gase usw. — längs bestimmter Kristallflächen aus der festen Lösung zur Abscheidung gelangt (und vielleicht auch einwandert), die in diesem Sinn als Flächen geringsten Widerstandes erscheinen würden und bei genügender Ausprägung solche auch gegenüber mechanischen Beanspruchungen darstellen könnten.

tional material from *Bericht über Versuche mit autogen geschweißten Blechen und Kesselteilen*
978-3-662-01955-9, is available at http://extras.springer.com

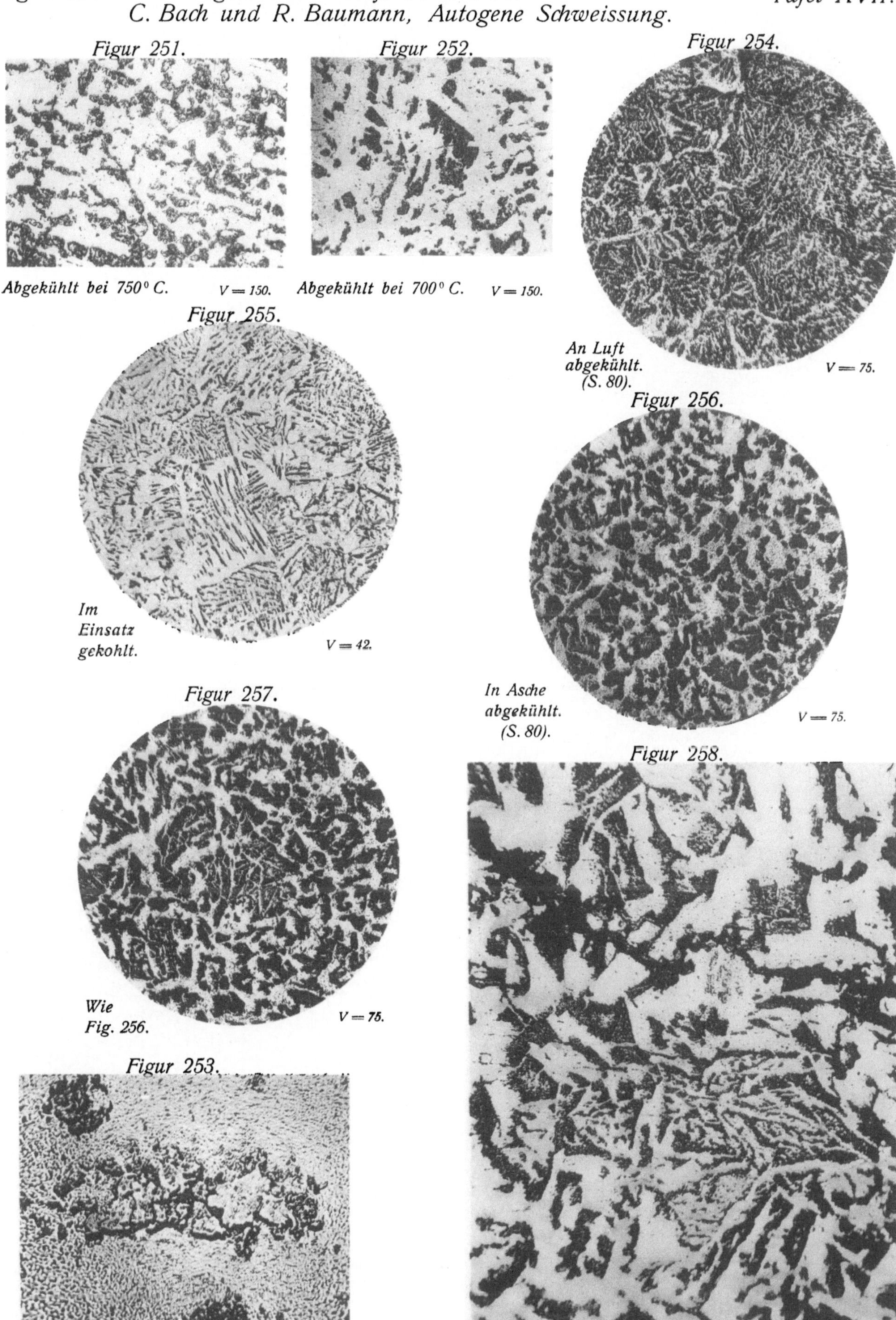

Figur 251.

Abgekühlt bei 750° C. V = 150.

Figur 252.

Abgekühlt bei 700° C. V = 150.

Figur 254.

An Luft abgekühlt. (S. 80). V = 75.

Figur 255.

Im Einsatz gekohlt. V = 42.

Figur 256.

In Asche abgekühlt. (S. 80). V = 75.

Figur 257.

Wie Fig. 256. V = 75.

Figur 258.

Kesselblech mit Rissbildung (S. 80). V = 200.

Figur 253.

Cementitklümpchen (S. 79). V = 500.

Lichtdruck der Hofkunstanstalt von Martin Rommel & Co., Stuttgart

Heft 22.

Bach: Versuche über den Gleitwiderstand einbetonierten Eisens.
Klein: Ueber freigehende Pumpenventile.
Fuchs: Der Wärmeübergang und seine Verschiedenheiten innerhalb einer Dampfkesselheizfläche.

Heft 23.

Baum und **Hoffmann:** Versuche an Wasserhaltungen (Dampfwasserhaltung der Zeche Victor, hydraulische Wasserhaltung der Zeche Dannenbaum, Schacht II, und elektrische Wasserhaltungen der Zechen Victor, A. von Hansemann und Mansfeld).

Heft 24.

Klemperer: Versuche über den ökonomischen Einfluß der Kompression bei Dampfmaschinen.
Bach: Versuche über die Festigkeitseigenschaften von Stahlguß bei gewöhnlicher und höherer Temperatur

Heft 25.

Häußer: Untersuchungen über explosible Leuchtgas-Luftgemische.
Föttinger: Effektive Maschinenleistung und effektives Drehmoment, und deren experimentelle Bestimmung (mit besonderer Berücksichtigung großer Schiffsmaschinen).

Heft 26 und 27.

Roser: Die Prüfung der Indikatorfedern.
Wiebe und **Schwirkus:** Beiträge zur Prüfung von Indikatorfedern.
Staus: Einfluß der Wärme auf die Indikatorfeder.
Schwirkus: Ueber die Prüfung von Indikatorfedern.
—, Auf Zug beanspruchte Indikatorfedern.

Heft 28.

Loewenherz und **van der Hoop:** Wirbelstromverluste im Ankerkupfer elektrischer Maschinen.
Bach: Versuche über die Festigkeitseigenschaften von Flußeisenblechen bei gewöhnlicher und höherer Temperatur (hierzu Tafel 1 bis 4).

Heft 29.

Bach: Druckversuche mit Eisenbetonkörpern.
—, Die Aenderung der Zähigkeit von Kesselblechen mit Zunahme der Festigkeit.
—, Zur Kenntnis der Streckgrenze.
—, Zur Abhängigkeit der Bruchdehnung von der Meßlänge.
—, Versuche über die Verschiedenheit der Elastizität von Fox- und Morison-Wellrohren.

Heft 30.

Berg: Die Wirkungsweise federbelasteter Pumpenventile und ihre Berechnung.
Richter: Das Verhalten überhitzten Wasserdampfes in der Kolbenmaschine.

Heft 31.

Bach: Versuche zur Ermittlung der Durchbiegung und der Widerstandsfähigkeit von Scheibenkolben.
Stribek: Warmzerreißversuche mit Durana-Gußmetall. Gesichtspunkte zur Beurteilung der Ergebnisse von Warmzerreißversuchen.
Wendt: Untersuchungen an Gaserzeugern.

Heft 32.

Richter: Thermische Untersuchung an Kompressoren.
v. Studniarski: Ueber die Verteilung der magnetischen Kraftlinien im Anker einer Gleichstrommaschine.

Heft 33.

Wagner: Apparat zur strobographischen Aufzeichnung von Pendeldiagrammen.
Wiebe: Der Temperaturkoeffizient bei Indikatorfedern.
Bach: Versuche über die Elastizität von Flammrohren mit einzelnen Wellen.
—, Die Bildung von Rissen in Kesselblechen.
—, Versuche über die Drehungsfestigkeit von Körpern mit trapezförmigem und dreieckigem Querschnitt.

Heft 34.

Köhler: Die Rohrbruchventile. Untersuchungsergebnisse und Konstruktionsgrundlagen.
Wiebe und **Leman:** Untersuchungen über die Proportionalität der Schreibzeuge bei Indikatoren.

Heft 35 und 36.

Adam: Ueber den Ausfluß von heißem Wasser.
Ott: Untersuchungen zur Frage der Erwärmung elektrischer Maschinen. I. Wärmeleitvermögen der lamellierten Armatur. II. Erwärmungsgleichungen für Feldspulen.
Knoblauch und **Jakob:** Ueber die Abhängigkeit der spezifischen Wärme *Cp* des Wasserdampfes von Druck und Temperatur.

Heft 37.

Bendemann: Ueber den Ausfluß des Wasserdampfes und über Dampfmengenmessung.
Möller: Untersuchungen an Drucklufthämmern.

Heft 38.

Martens: Die Meßdose als Kraftmesser in der Materialprüfmaschine.

Heft 39

Bach: Versuche mit Eisenbetonbalken. Erster Teil.
—, Versuche mit einbetoniertem Thacher-Eisen.

Heft 40.

Versuche an der Wasserhaltung der Zeche Franziska in Witten.
Grübler: Vergleichende Festigkeitsversuche an Körpern aus Zementmörtel.
Lorenz: Vergleichsversuche an Schiffschrauben.
—, Die Aenderung der Umlaufzahl und des Wirkungsgrades von Schiffschrauben mit der Fahrgeschwindigkeit.

Heft 41.

Hort: Die Wärmevorgänge beim Längen von Metallen.
Mühlschlegel: Regulierversuche an den Turbinen des Elektrizitätswerkes Gersthofen am Lech.

Heft 42.

Biel: Die Wirkungsweise der Kreiselpumpen und Ventilatoren. Versuchsergebnisse und Betrachtungen.

Heft 43.

Schlesinger: Versuche über die Leistung von Schmirgel- und Karborundumscheiben bei Wasserzuführung.

Heft 44.

Biel: Ueber den Druckhöhenverlust bei der Fortleitung tropfbarer und gasförmiger Flüssigkeiten.

Heft 45 bis 47.

Bach: Versuche mit Eisenbetonbalken. Zweiter Teil.

Heft 48.

Becker: Strömungsvorgänge in ringförmigen Spalten und ihre Beziehungen zum Poiseuilleschen Gesetz.
Pinegin: Versuche über den Zusammenhang von Biegungsfestigkeit und Zugfestigkeit bei Gußeisen.

Heft 49.

Martens: Die Stulpenreibung und der Genauigkeitsgrad der Kraftmessung mittels der hydraulischen Presse.
Wieghardt: Ueber ein neues Verfahren, verwickelte Spannungsverteilungen in elastischen Körpern auf experimentellem Wege zu finden.
Müller: Messung von Gasmengen mit der Drosselscheibe.

Heft 50.

Rötscher: Versuche an einer 2000 pferdigen Riedler-Stumpf-Dampfturbine.

Heft 51 und 52.

Bach: Versuche mit gewölbten Flammrohrböden.